The Geography of Wine
How Landscapes, Cultures, Terroir,
and the Weather Make a Good Drop

葡萄酒地理

景观、文化、风土、天气如何形成一滴美酒

[美] 布赖恩·J.萨默斯 著
Brian J. Sommers

卢超 译

U0303499

商务印书馆
The Commercial Press

Brian J. Sommers

THE GEOGRAPHY OF WINE:

How Landscapes, Cultures, Terroir, and the Weather Make a Good Drop

仅以此书献给贝琪、麦克斯和内特，

感谢他们的耐心和理解，帮助本书出版。

也将此书献给约翰·多姆，感谢他的鼓励。

目 录

第一章　地理与葡萄酒

　　葡萄酒魅力不止于味道、气味和外观，每一瓶葡萄酒都蕴含着大量的科学和艺术。希望在接下来的章节中会更深刻地体会到：在科学和艺术的背后是地理学。地理学是一个小众学科，很少有人能认识到地理学与葡萄酒的紧密关系和对其重要性。然而，地理学对葡萄酒的影响却是看得见、尝得到的。

　　大多数人认为地理学研究者除了研究地名别无他事，然而地理学的作用不止于此。地理是一门空间科学，目的是解释原因，回答某种生物起源于某地的原因。每一瓶葡萄酒的酿制，背后都蕴藏着精妙的地理因素。希望本书能让更多人了解地理，并在理解的过程中获得一些乐趣。那么，地理会给葡萄酒派对带来什么呢？它可以回答一些你可能已经知道的关于葡萄酒的问题。比如，为什么波尔多盛产葡萄酒？为什么有些地方盛产雷司令（Riesling），有些地方盛产霞多丽（Chardonnay）呢？葡萄酒最终是如何选在了你最喜欢的地区呢？葡萄酒又是如何让人品尝出其产地的呢？地理可以回答这些问题。如果你对这类问题感兴趣，你可能是一个连自己都不知道的地理学研究者。

　　有些书籍专门讲述葡萄酒历史、葡萄酒鉴赏、葡萄收获年份对葡萄酒质量和价值的影响、特定区域对葡萄酒的影响、葡萄种植方法、酿制葡萄酒方法、葡萄酒烹调方法；市场可选的还有葡萄酒入门手册、葡萄酒地图册、葡萄园图片以及相关研究文章。本书的不同之处在于书中对地理因素的介绍会增加读者对葡萄酒的了解，也会是书架上其他葡萄酒书籍的优质"伴侣"。

　　葡萄酒对地理学来说是肥沃土壤，这也是地理学导论的教材中有专门的一章介绍葡萄栽培和葡萄酒知识，北美大学各高校增加"葡萄酒地理"这门课程的原因。地理学研究者的思考角度主要从主题（theme）和地方（place）两个方面入手。置身葡萄酒之中不禁会想到葡萄酒产地、思考葡萄酒成因；会思考气候、地质、生物学、文化、政治、经济等因素对葡萄酒的影响，以及与上述相关的地理因素对葡萄酒产地的影响。本书主要从主题角度展开讨论。

　　主题角度论述补充了所有伟大的地方葡萄酒书籍，它们将文字和照片相结合，图文并茂地阐述了生产好酒的地方。本书每一章都会介绍影响优质葡萄酒产地的地理因素。这并不意味着本书不使用区域研究法，在每章结尾部分的区域介绍对于每章的概念十分重要。例如，小气候影响酿酒的绝佳案例是摩泽尔葡萄园（Mozel vineyards），阐明殖民主义和葡萄酒之间联系的最佳案例是南非和智利。

＊　　＊　　＊

　　我对葡萄酒的兴趣可以追溯到1986年的夏天，那时，我正在法国的阿尔卑斯山从事考古挖掘工作，为期一个月。可是，我并没有对马上对葡萄酒感兴趣。法国是葡萄酒的天堂，我置身于葡萄酒世界却对葡萄酒一无所知。我没去品尝当地的葡萄酒，反而沉迷于廉价的普通啤酒。我总试图给自己找各种借口：当时的我年少无知、手头拮据，又被其他考古同事带偏……我总是有各种各样的借口。但有一点，我不能将责任推到考古地周边的当地村民身上，他们非常善良，一有机会就送来当地的葡萄酒和美食。我能说什么呢？这就是年轻的代价。回想当时，我还没有意识到廉价啤酒会伤害味蕾。

　　我对葡萄酒真正感兴趣其实是在迈阿密大学地理系读研究生的第一个学期。大多数人的葡萄酒发现之旅并不始于俄亥俄州的牛津，但我是。这要感谢约翰·多姆。初次相见之时，约翰已在迈阿密教授"葡萄酒地理"这门课程多年，很多本地人和商人慕名而来听课，他们认为学习这门课对社交有帮助。那时，我被分配到约翰的班上做助教。

我起初觉得整件事就是好玩。葡萄酒冷藏之后我才知道葡萄酒不需要冷藏。我开始学习如何使用葡萄酒开瓶器才不会让软木塞碎屑掉进瓶子里（不得不承认，这的确花了我不少时间）。"葡萄酒地理"每周两次课，每次课前我都会做充足准备，课上认真听课、观看幻灯片，课下清理教室，把未开封葡萄酒带回家。课程结束后，我的厨房堆放着很多葡萄酒酒瓶。我还掌握了葡萄酒和食物搭配的一些技巧，虽然依然不知道Fritos的玉米薯片该和什么葡萄酒搭配。但重要的是我意识到一个事实：葡萄酒中蕴含着大量的地理学知识。基于此，我开始真正后悔自己竟然在阿尔卑斯山喝廉价啤酒。

不是地理学研究者的你或者从来没有上过这门课的你，通常不知道地理学是什么。正在读这本书的你，也许正一边喝着美味的葡萄酒，一边在想地理和这种美妙的味道能有什么关系？你也可能会想，这本书的剩余部分将是葡萄酒产区及其酒类的名单。首先，请理解，我不是这方面的专家，也不是一个好的品酒师。我可以在一个只有12美元一瓶葡萄酒的世界里度过幸福的人生。那么，我能做些什么呢？

地理是理解事物如何运作的一种方式。对地理学研究者来说，葡萄酒是一个错综复杂的谜题。有些人能对着一堆零件，研究它们如何拼组成一辆车；有些人看到网页，能将HTML（超文本标记语言）可视化。每个人看着周遭的世界都试图找到世界运转的方式。如果你曾经想过，为什么有些地方生产霞多丽，而有些地方生产黑比诺？为什么智利是南美洲最大的葡萄酒生产国？为什么有些葡萄园的土壤类似于砾石车道？为什么欧洲人经常以葡萄酒产区命名葡萄酒？为什么一个地区的葡萄园和酿酒厂与其他地方的不同……如果你有过这些疑问，那么你的问题与地理学研究者思考的问题一样，唯一不同的是，地理学研究者可以回答这些问题。

地理因素融进了我们喝的每一滴葡萄酒，但葡萄酒确实存在于地理学的各个方面吗？如果你了解地理学研究者如何研究地理，那么答案是肯定的。事实上，地理学研究者可以采用多种方式进行主题研究，而葡萄酒适用于这些研究方式。1964 年，威廉·帕蒂森（William Pattison）在《地理学杂志》发表了一篇十分有影响力的文章。帕蒂森从研究范围和研究历史的角度将地理研究划分为传统的环境地理研究、人地关系研究（人文地理学）、区域地理分析和空间分析。即使今天，这也是地理学研究者常采取的四种基本研究方法。葡萄酒的研究非常适合这些方法。

传统环境地理研究中，地理与"自然"科学（物理学、化学、地质学和生物学）相互交融。如果你从中询问地理学研究者如何研究葡萄酒，那么答案很大程度上是基于环境科学。地理学研究者可能会用高速气流运动解释年份；他们会分析葡萄产量，并且告诉你这可能与日照天数有关；他们会检测土壤化学成分，并分析其对酒的口味的影响；他们会利用纯科学的方法研究到葡萄酒。

与传统环境地理研究方法不同，人地关系研究领域的地理学研究者所采用社会科学的研究方法，将葡萄酒视为一个农业产品或工业产品、一种文化适应或一项经济活动。他们关注随着时间推移贸易模式与葡萄酒产业的地理扩张，或者关注特定葡萄酒适应特定人群的原因。总之，他们可能会告诉你决定区域葡萄酒零售商成败的各种因素。虽然传统的环境地理研究和人地关系研究方法大相径庭，但是二者有一个共同点：都将主题与地方相关联。

区域地理研究又有所不同。如果读荷马，你会发现他的作品中总会有适量文字用于描述地方。区域地理研究实际上是逐渐演变的过程，从地理作为背景信息到以地方描述为目的的研究，到理解究竟是什么造就了这些地方的地理的现代区域方法。因此，一位来自区域地理研究的地理学研究者不会研究一个主题，比如葡萄酒贸易的规模扩张，而会研究某一地方，以及贸易规模扩张对它的影响。

18世纪末19世纪初，法国地理学研究者擅长撰写区域地理方面的专题文章。以维达尔·白兰士为例，他的学生会在某地学习和生活数月，以便了解该地方的文化、经济、地形、气候、政治和环境因素有关的特定独特特征。他们撰写的专题文章是对这些地方生动的历史描述，虽然这些地方可能至今仍不为人知晓。这种行为令人敬佩，同时也不禁让人畅想，如果能在葡萄酒之乡开展类似的研究是多么幸福的一件事。

空间分析是第四种研究方法。它起源于早期制图和导航，现在空间分析已经发展成为现代地理的工具。空间分析包括计算机制图、统计分析、空间数据建模、地理信息系统（GIS）和卫星图像遥感应用。其他研究方法可能会利用这些工具使之作为葡萄酒地理研究的手段；擅长空间分析的地理学研究者可能会将葡萄酒视作一门应用工具。地理学专家可能会利用卫星数据确定葡萄园土壤中的水分含量，也可能利用空间建模技术预测有害生物侵扰的可能途径，抑或应用地理信息系统确定葡萄酒销售到世界各地的最低成本的交通路线。

葡萄酒地理研究只是葡萄酒学术研究的一部分。葡萄酒学术研究包括三个基本研究领域。第一，是葡萄酒酿制研究，包括葡萄酒生产方式、葡萄酒特性及其对人类嗅觉、味蕾和生理影响。第二，是葡萄栽培研究，本质上是葡萄农业研究。研究相关领域的大学既为学生在该领域就业提供专业训练，又为葡萄种植者和酿酒师提供帮助。因此，该专业领域所在的大学——加利福尼亚大学戴维斯分校和康奈尔大学——的地理位置靠近葡萄酒产地也就不足为奇。大学附近的葡萄酒饱含研究者们的劳动成果。

第三个研究领域更加广泛，涉及葡萄酒及其产区的人类学、经济学、地理学、历史学或政治学。该领域的研究纯粹出于学术利益或个人利益，而对于生产更好的葡萄或优质葡萄酒没有影响。它无关商业，只是提供更好地理解葡萄酒的相关背景知识。对于葡萄酒爱好者和收藏者来说，该领域的研究不仅能满足好奇心还能提高葡萄酒体验感。

大多数情况下，葡萄酒学术研究仅限于葡萄酒产区，因为它面临重要的形象问题。社会开始关注饮酒问题，尤其是大学校园里的狂欢饮酒和酗酒日趋严重。有人认为，研究财富商品是为精英主义者服务。这只是葡萄酒研究的形象问题的部分原因。在葡萄酒产区，形象问题因受到葡萄酒业的经济现实影响而逐渐被忽略；在非葡萄酒产区，形象问题会让研究者有一点戒备心理。

即便葡萄酒学术研究有形象问题，但是作为一名葡萄酒爱好者，我依然认为葡萄酒研究妙趣横生。我也认为地理学是学习和鉴赏葡萄酒的有力工具。地理学的优点是可以走出课堂、实地考察。对于葡萄酒研究而言，这意味着要参观酿酒场和葡萄园。花一天的时间去当地葡萄园参观是一件让人兴趣盎然的事情，还可以把对葡萄酒的热爱转变成难得的学习体验。通过这种实地考察，我们可以掌握一些地理观念，并在此基础上产生自己新的见解。我们甚至会发现，通过这种体验我们成为了葡萄酒旅行家：参观各个国家的葡萄酒区，了解它们的葡萄酒，感受它们的文化。当然，葡萄园主希望我们能够购买葡萄酒。

无论我们在国内还是在国外参观葡萄园，这本书都将帮助我们在到达那里时提出好的地理问题。我们可能希望确定葡萄的种类、数量，以及土壤、排水、气候对其成长的影响。这些决定是基于市场力量、管理便利性还是基于其他考虑？我们也可以看看葡萄树的管理。葡萄架是如何搭起来的？葡萄藤是垂直的还是平行于陆地的斜坡和太阳的入射光线？葡萄藤的间距是多少？棚架之间的间距是如何确定的？葡萄藤又是如何修剪的？

作为葡萄酒地理学研究者，我们从一个认为葡萄园很吸引人的人，发展成为一个了解葡萄园如何运作的人。在成为葡萄酒地理学研究者的过程中，我们可以与酒商和酿酒师谈论他们的酿酒工艺，每次都能学到更多。这是葡萄酒地理学研究者、葡萄酒历史学家或葡萄酒化学家的优势。我们对葡萄酒有了更深入的理解，或许能从每一滴葡萄酒中获得更多的享受。

第二章　葡萄酒景观与葡萄酒地区

早在帕蒂森前40年，学术地理学就被"景观"概念所主导。从20世纪20年代至50年代，景观是介绍地理概念和思考周围世界的基本组成部分，景观研究仍然塑造着当今的地理学。对地理学研究者来说，景观不仅仅是一种美学。我们在托斯卡纳或普罗旺斯的摄影作品中看到的葡萄园照片传达了大量的地理信息。看着地理信息的整合就像拼完1500块的拼图，是地理学研究者的乐趣之一。

区域地理与葡萄酒产区

葡萄酒商店通常根据葡萄酒原产地对其分门别类，大部分从名称上就可一目了然，如澳大利亚葡萄酒产于澳大利亚，加利福尼亚葡萄酒产于加利福尼亚。但是，纳帕谷呢（Napa Valley）？金丘（Côte d'Or）又是什么呢？这些地方可能是人们认为特别或独特的地名，但在地图上可能无法轻松地识别它们。可以这样理解，它们是地图上绘制的政治管辖区，或者是经济上与核心社区相关的地方，诸如纳帕（Napa）、博纳（Beaune）。但是许多情况下，这种定义并不奏效。事实上，"区域"这个术语可能会有很多定义方式。勃艮第（Burgundy）、威拉米特河谷（Willamette Valley）和基安蒂（Chianti）称为葡萄酒产区时，这些区域名称意味着什么？

在美国，何为中西部？何为南部？何为新英格兰？宾夕法尼亚州属于中西部还是东北部？抑或两者兼是？区域可能有也可能没有很清晰的政治界限。康涅狄格州、缅因州、马萨诸塞州、新罕布什尔州、罗德岛州和佛蒙特州可能会被认为是"新英格兰地区"。中西部州既然非地理上的中部或西部，"中西部"一词对于位于美国中部密苏里州的人而言有何意义呢？

大多数主要葡萄酒生产国已经跨越了标签问题。随着时间的推移，他们开发了区域识别系统，用于产品保护和产品监管。这些系统明确界定葡萄酒产地的边界和标识，可以准确无误地界定特定的葡萄酒产区，所以葡萄酒瓶上的地名标识是明确的分类标识。比如，可以考虑用环境定义区域，或者在此环境中逐渐形成的某类葡萄酒品牌来定义区域。定义某一区域也会基于文化。看看波尔多地区的起点和终点，就会在景观中发现一些线索。因此，只要在观察和理解景观方面有一定的熏陶，就能明白它们。

欣赏19世纪风景画家约翰·康斯特布尔（John Constable）的画作时，我们是如何思考和评价的。我们欣赏他对色彩的运用，认为在他的画笔下乡村生活跃然纸上，他的风景画值得细细揣摩。于地理学研究者而言，景观不仅像艺术品一样值得欣赏，更要像阅读一本书一样"阅读"它们。景观不必须是前景中各种活动的背景，它可以是主题本身。地理学研究者有时过于关注风景，对此我也很无奈，这算一种职业危害吧，尤其对我这种喜欢看电影的地理学者来说。作为一名景观读者，看电影的时候，根据影片里的景观描述确定电影的拍摄地点是我的一种乐趣追求。每次我都等到影片结束出片尾字幕，为的只是想确定电影到底在哪里拍摄的。

景观及其组成部分确实是有意义的。在观察葡萄园的山谷时，我们看到的是人与自然相互作用的结果，环境和人在创造这片土地的"外观"中发挥了重要作用。葡萄酒景观的摄影作品不仅仅只是好看的图片，也是发现那些等待被揭晓的故事的信息通道。

怎样阅读景观？

皮尔斯·刘易斯（Pierce Lewis）的《景观阅读原理》（*Axioms for Reading the Landscape*）一书中，定义了阅读景观的数条原则。景观是文化和人文的物理表现。如果不同地方外观相似，那么某种程度上它们的文化也趋同。对人类而言，耐得住时间检验的景观的变化很重要。不同时代的喜好在逐渐消失。

为了理解刘易斯的景观，我们需要打破寻找最显著或独特事物的习惯。普通事物并不一定"无聊"。相反，它非常重要，且随处可见。当你驾车沿87号州际公路穿过纽约北部的葡萄酒产区时，你会经过绵延数英里、看上去几乎一样的葡萄园。有时，可能只是拖拉机的颜色（我的孩子们告诉我：蓝色代表福特，红色代表梅西·弗格森，绿色代表约翰·迪尔）让它们与众不同。这种相似性或许看上去有些单调，但这也是不该忽视的。

起初尝试阅读景观时，要考虑景观元素在时间上的地位。景观元素有着文化语境和环境语境。某地地理环境与波尔多相似，且几百年前法国人来此定居，那么该地景观可能会与波尔多景观相似。凭直觉我们可以理解这一点。即使是孩童，也可以根据对环境和文化的了解，知道什么时候适合做什么。这是我们与生俱来的地理能力，但这不意味着阅读景观很容易。正如刘易斯指出，景观传达了大量地理信息，但这并不意味着这些信息会显而易见。

一旦我们轻松识别出景观中的外在特征（地质、植物、建筑等），下一步便是赋予它们意义。是什么力量在起作用？是什么塑造了我们看到的外在特征？找到这些问题的答案会使我们迈出重要的一步。我们可以先理解景观的呈现方式，然后解释这些现象的原因。

地理学研究者探讨景观的塑造方式（景观形式）会使用一个术语——"形态学"（morphology）。1925年，卡尔·索尔（Carl Sauer）在其开创性著作《景观形态学》（*The Morphology of Landscape*）中重点强调了这个概念，为解释景观的形成提供了理论框架。这一理论后来影响了地理学30多年。下表出自索尔的研究著作，其基本前提是环境因素在任何地方都起作用。随着时间的流逝，环境因素创造了表中所列的自然形态，而自然形态的有机结合形成自然景观，使其具有独特的气候、土地表层、土壤、排水和其他独特的特征。许多地方有着同样的自然形态。

环境因素	自然形态	媒介	人类活动	产物
地质因素	气候		人口	
气候因素	土地表层	自然景观	房屋	文化景观
生物因素	土壤		宗教	
	排水		社会	
	资源			
	动植物生命			

　　自然景观是人类活动的背景或媒介。人类根据文化、需求、兴趣改变景观，从而形成文化景观。以美国大平原各州的景观为例。19世纪盎格鲁人定居之前，那里居住着游牧部落；盎格鲁人定居后，部落群体被农场主所取代。那里的媒介、自然景观都一样，然而，很明显，人类的影响使文化景观大不相同。

　　索尔从未将葡萄酒产区作为研究重点，但他的理论确实会应用于葡萄酒景观中。以纳帕和索诺玛（Sonoma）地区为例。我们先阅读破解自然景观，然后将细节因素碎片拼接在一起，我们会慢慢明白这些细节因素如何被定居在山谷的酿酒师改变的；会理解他们选择做出改变的原因，从而读懂纳帕和索诺玛地区的景观。下次穿越葡萄酒之乡或翻阅葡萄酒之乡的照片时，你也可以试试看。如果这样的阅读有些困难，不要担心，没有人一开始就是福尔摩斯，我们需要学习和大量实践。

　　景观这一概念被越来越多地应用于历史保护和文化保护方案的基础。谈到历史保护，我们往往会想到单个物体，比如一栋建筑、一架顶桥、一座雕塑。通常我们会选择保护唯一的或有特色的事物，这很容易理解；但保护这些单个物体并不一定会保护环境（虽然有时极为重要）。还有一些事物，它们非常普通以至于保留其中的某一件并不公平。因为它们过于普通以至于我们很难发现，直到它们完全消失。如果有机会去宾夕法尼亚州的兰开斯特县试图寻找完整的阿米什农场（Amish farms）景观，会发现这非常困难，因为那里到处都在被开发，充斥着各种商业化行为和最具侵入性的旅游业。

　　有了这些想法，历史和文化保护学家会更积极地参与景观保护。倡导这一趋势的最积极的组织是联合国教科文组织（UNESCO）。联合国教科文组织一方面确定对全人类具有重要意义的地点，另一方面扩大其世界遗产项目，包括世界范围内具有重要意义的景观。世界遗产项目肯定了这些景观的重要意义，却并不能保护它们。相反，它为当地规划和保护这些景观以及开展这些工作所需的资金提供了基础。

葡萄酒、景观和风土

一说起葡萄酒研究，景观形态学是一个重要的概念。这是因为索尔的景观形态学是一门与土壤研究平行的地理学科。作为葡萄酒爱好者，大家可能熟悉风土（terroir）这个词；它在葡萄酒酒瓶上、教科书或者搜索网页中随处可见，这是因为风土是理解葡萄酒和葡萄酒产地的重要概念。

"风土"在法语中意为"地面"或"土壤"，但其实际意义不止于此。它可以用来描述影响葡萄酒的所有当地的环境特征和社会特征。许多人认为，每一个地方所有的整体特征——风土——都有一种独特的影响，这可以在葡萄酒中品尝得出。这就是欣赏地理学的意义。风土告诉我们地点很重要，从古至今地理学研究者一直为此争执不休。不过，葡萄酒地理学研究者喜欢风土这个概念。景观形态学告诉我们，在周围的世界中所看到的是环境因素和人在环境中做决定（人类行为）的产物。风土告诉我们，我们所品尝的是环境因素和人在环境下做出决定（人类行为）的产物。因此，毋庸置疑，葡萄酒地理学研究者对这个概念深信不疑。

风土是本书中的重要概念。地理学研究者阅读本书不仅会让你了解葡萄酒的地理位置，而且还会对风土及其意义有更深的了解。

圣埃米里翁

如果想在阅读葡萄酒景观时设置一个案例研究，我们需要依靠互联网上丰富的图片或葡萄酒图集。考虑到联合国教科文组织的文化景观保护计划，法国的圣埃米里翁便是一个很好的案例。圣埃米里翁是第一个被列入联合国教科文组织文化景观保护名单的葡萄酒景观。不仅如此，圣埃米里翁看上去和我们认为的葡萄酒景观很相似。

在研究景观时，通常我们从自然开始。虽然在气候上有一些局部变化，但更显著的变化是该地区的地质。圣埃米里翁位于海岸平原、加隆河和多尔多涅河的宽阔山谷与内陆山麓的交汇处。因此，圣埃米里翁具有两种不同的风土。随着时间的流逝，多尔多涅河及其支流的冲刷使圣埃米里翁下方平原形成了冲积土，这些土壤深厚且砾石多。圣埃米里翁山坡和高原的风土在地质上大不相同。丘陵和高原富含石灰石，石灰石易风化且为土壤增加了养分。这些地质差异意味着在圣埃米里翁不同小镇种植的梅洛（merlot）和品丽珠（cabernet franc）葡萄的口感可能会有很大差异。

圣埃米里翁位于波尔多以东20多英里（约32千米），大西洋以东约55英里（约89千米），与海洋相距甚远，因此气候与法国中部相似。这种气候使圣埃米里翁适合使用梅洛和品丽珠葡萄酿制葡萄酒。圣埃米里翁的气候和土壤适宜种植多种农产品，但是葡萄栽培技术的成功使葡萄成为这里的唯一主要农作物。这种单一文化由来已久，圣埃米里翁的葡萄酒生产历史可追溯到罗马时代，悠久的历史可与波尔多的其他葡萄酒产区媲美。

　　对于地理学研究者来说，风土的一个缺点是它只局限于葡萄酒。而地理学研究者可不只对葡萄酒感兴趣，但是圣埃米里翁还有一些特别之处。在类似圣埃米里翁这样的地方，如果我们只停下来喝葡萄酒，会错过很多有趣的地理环境。这是一座中世纪城墙环绕的城镇，似乎没有受到时间的影响。站在城墙上，可以眺望多尔多涅河河谷，偶尔也能瞥见从波尔多开往法国中部的列车。城堡、城墙、教堂、房屋乃至街道的建成用料均是本地石灰石。唯一不用石灰石的建筑是屋面瓦，它使用的材料是在河谷开采的黏土。建筑材料的统一性和历史性使圣埃米里翁成为法国城镇的明信片：蜿蜒曲折的街道、隐蔽的庭院、咖啡馆和教堂。圣埃米里翁建筑中使用的一些石灰石是在该地采石场开采的。这为储存葡萄酒提供了理想场地。小镇的特色氤氲着周围的村庄和葡萄酒城堡，形成了反映当地自然、历史和葡萄酒经济的葡萄酒景观。

　　圣埃米里翁的葡萄酒文化悠远绵长。小镇的历史和葡萄酒融为一体，葡萄酒成为了小镇历史、文化、社会生活的一部分。这里的居民每年两次（六月和九月的第三个星期六）在茹拉德（Jurade）举行庆祝活动。其他时间，圣埃米里翁的葡萄酒文化庆祝方式会随意一些，欢迎葡萄酒游客来小镇及葡萄酒城堡参观旅游。尽管圣埃米里翁的风景和特色已被联合国教科文组织列为具有历史意义的景观，但它并不是博物馆。这里是想真正体验葡萄酒景观的理想圣地。

第三章　葡萄栽培的气候学

　　我最喜欢的当地酒店经常会按照以下两种方式来陈列葡萄酒：葡萄酒类型和葡萄酒原产国。有些葡萄酒陈列将来自不同地区的葡萄酒归为一类，因为这些酒或是专门定制或是被有资历的美食家们锁定的高端葡萄酒，其中比较典型的便是加利福尼亚葡

萄酒（可能会混入一些俄勒冈州或华盛顿州的葡萄酒）、法国葡萄酒、意大利葡萄酒，偶尔会夹杂几瓶德国葡萄酒或西班牙葡萄酒。近年来，葡萄酒商店或许会将澳大利亚葡萄酒单独陈列。如果店面够大，甚至可能会陈列几排产自南非、智利、新西兰、东欧和地中海东部的葡萄酒。为什么会是这些地方而不是挪威、肯尼亚和厄瓜多尔呢？为什么葡萄酒会被世界上那么多不同的地区生产呢？答案就是气候。土壤、专吃葡萄的害虫、运输、经济封锁和文化差异等问题都可以被解决，但是温度除外，我们无法解决的就是气候问题。

虽然每天的天气均不同，但是长时间的天气模式可以预测。从几百年或几千年时间跨度来看，一个地方的天气模式就是气候。在一段时间内，气候会对动植物的生命、土壤的发展、文化特征产生影响。因此，气候对我们理解气候栽培学和葡萄酒景观具有深远意义，是风土的基础。

对于任何一种植物衍生的产品，都会受制于植物以及植物繁茂成长的气候条件。如果对比世界气候图、自然植被模式以及农业类型，三者往往呈现相似的模式。粮食作物过去曾是自然景观的一部分。的确，我们人类影响了植物的生长，其中一些影响持续数千年。因此，我们的确显著地改变了植物，但是却不能将植物的生长与气候分割开来。例如，玉米是长时间以来从高草物种演变而来。如果一种气候适合高草的生长，如东部的大平原，那就同样适宜种植玉米。

气候从空间上限定了葡萄的产地。我们可以操纵葡萄生长，改变其DNA，打造葡萄繁茂生长的人造环境，但是市场经济（优

胜劣汰）和葡萄酒质量的考量让我们不得不重视葡萄种植的气候
限制。为种植酿造高品质葡萄酒的葡萄，我们需要一个长时间、
非炙热的生长季节，需要冬季短、温度不能太低，春季和夏初降
水量充沛，夏末和秋季干燥，春末秋初无霜降的气候环境。

　　气候分类有不同系统。其主要目的是更容易解释温度、降水
量、季节性气候变化。最常见的是柯本气候分类系统（Köppen
system）。基于此系统，世界气候地图用A、B、C、D、E的两个
或三个字母组合标记。和其他系统一样，柯本气候分类系统考虑
了温度和降水模式以及二者的全年波动状况，可用于广泛的气候
分类或详尽特定的气候运作。

　　有些热心园丁可能留意到花园目录、植物标签和种子包装通
常带有气候信息或植物抗寒性地图。这些地图基于美国农业部植
物抗寒性分类制作，目的是显示相关植物的生存地。某些方面，
这样的地图是关于气候的；在某些方面，它们不是。耐寒性测量
是基于极限低温水平，旨在告诉我们植物可以承受的最低温度水
平。它们不考虑植物需要的湿度和降水量，这就是为什么亚利桑
那州的凤凰城和佛罗里达州的奥兰多处于相同的耐寒区。如果能
满足植物生长所需的注水或灌溉要求，提供葡萄生长所需要的水
分，寒度可告知我们葡萄藤的生存之处。这可能对某些植物奏效，
但我们稍后将看到，对葡萄并不是很有用。

　　植物耐寒性（hardiness）在农业界的使用相当有限。更常见
的是使用生长度日（growing degree days，简称GDD）。生长度日
与耐寒性一样，也只考虑气候的一个方面，即温度。与耐寒性相
反，生长度日反映了整个生长季节的总积温。因此，这与讨论家

用空调能源所指的冷却度日数的概念有关。它的作用是给我们提供一个机制，让我们讨论季节性温度、光合作用和植物呼吸过程中的能量可用性。

与50华氏度（10摄氏度）基准相较，生长度日的计算是基于每日平均温度。每日平均温度超过50华氏度（如果使用空调计算冷却度日则是65华氏度）的每一度多余温度都加到总数上。比如，每日平均温度是55华氏度，可以将多余的5度加到生长度日总数上。4月到10月的生长季末（葡萄树开花到葡萄成熟），则可以得出总计数字。幸运的话，葡萄酒生产可能低于2000GDD。理想范围在2500—4000GDD，相当于一个生长季，其平均温度维持在75—80华氏度（24—27摄氏度）。超过4000GDD依然可以酿出优质葡萄酒，但是高温会严重限制葡萄的产量和品质。

虽然并非万无一失，但生长度日的测量值可对不同葡萄酒产区的生长环境形成有意义的对比。生长度日相似的地区应该能够生产相似的葡萄酒。比较一下波尔多、纽约的指状湖系（the Finger Lakes of New York）和澳大利亚的库纳瓦拉（Coonawarra），也可以比较一下托斯卡纳（Tuscany）、开普敦（Cape Town）和加利福尼亚中央山谷（Central Valley）。如果我们相信这一理论，这些地区在气候上应该是相似的。不过问题在于该理论难以检验。我们必须得控制十几个会影响葡萄酒品质的其他变量，这非常复杂。从较为积极的角度看，这是鉴赏葡萄酒的基础。

植物耐寒性地图和生长度日反映温度，因此解决了一部分气候分类。要了解葡萄酒的地理位置，我们需要更多资料，柯本气候分类系统可提供我们需要的信息。柯本气候分类系统将众多的气候变量转换为一系列气候类别。该系统采用了一些与气候相关的术语，并使用气候数据正式定义术语，消除了诸如"热带"或"沙漠"之类术语的含糊性。附录中的气候图使用基础柯本气候分类系统。即使我们熟悉这些术语的一般用法，仍需一番解释才能用这些术语谈论葡萄酒。

研究适合酿制葡萄酒的气候之前，我们需要特别说明很重要的一点——我们在谈论用葡萄酿造葡萄酒。这点很重要，因为几乎任何水果都可以用来酿酒。如果我们酿制菠萝酒、酸果蔓酒、李子酒和其他非葡萄酒的酒水，那么葡萄酒图和气候地图将大为不同。这些葡萄替代品让原本不适宜酿造葡萄酒的地区酿制葡萄酒。我们作为文化地理学研究者，可以从种种乐趣中了解气候限制是如何创造了其他葡萄酒和非葡萄酒的酒水。但是现在，我们还是以研究葡萄为主。

柯本气候分类系统中最基本的分类是不同的温度分类气候。这就产生了广泛的气候分类，类似于颜色的分类。比如，有几百种蓝色色度，每种色度都可能很重要，但是本质上都是蓝色。这就是我们正在寻找的最基本的气候名称。无论局部有何差异，所有气候都属于以下五类之一：

热带气候：所有月份平均温度超过64.4华氏度（18摄氏度）；

沙漠气候：水分不足（蒸发多于降水）；

亚热带气候：月平均温度在26.6—64.4华氏度（-3—18摄氏度）之间，大部分葡萄酒的产地；

大陆性气候：一个月或多月的高温平均温度超过50华氏度（10摄氏度），低温平均温度低于26.6华氏度（-3摄氏度）；

极地气候：每月平均温度低于50华氏度（10摄氏度）。

在气候图上，我们能看出这些广泛分类模式。在该系统中，当我们从热带移动到极地时，我们也正从赤道移动到两极。若地球的表面是一样的（所有海洋和大洲），那么这种模式就会很有规律。但是并非如此。所以我们很少注意到各处模式的规律性。

为了提供更多的细节，宽泛的气候类别根据降水量进行了细分。有些气候终年降水量均衡，而有些气候的降水量峰值集中在冬夏两季，这发生在季节性天气变化导致夏季或冬季干旱的地区。沙漠气候没有季节性降水指示，毕竟是沙漠。就葡萄酒生产而言，季节性降雨模式是一个重要的细节，降雨模式均衡可能对葡萄生长有益。夏季干燥可能更好；相反，夏季潮湿会不利于葡萄种植和葡萄酒酿制。

除降水模式之外，我们还可以补充峰值温度的其他详细信息。如果正在观察农业和葡萄栽培（对我们非常重要），这正是有用的详细信息。关键数字是70华氏度（约21摄氏度）和50华氏度（10摄氏度）。有些植物容易栽培，如果温度够进行光合作用（通常超过50华氏度），植物是"开心的"。而有些植物会更"挑剔"，需要一定数量的温暖月份（70华氏度以上）。如果它们处于休眠期，则可能需要一定数量的凉爽月份（低于50华氏度）。葡萄栽培标准没有某些植物高，但是特殊需求确实能保证葡萄的生长达到最佳状态。葡萄栽培需要夏季温度高，然后逐渐进入冬季休眠期，需要冬天温度低且适宜。因此，更加详细的气候数据对于确定葡萄栽培地是否适合葡萄生长非常重要。

我们将葡萄酒生产与有限的几种气候联系起来，特别是地中海盆地气候。当然，也可以在这些气候区域外酿制葡萄酒。人类创造力加上些许运气，便让这些事情成为可能。但是成功解决这些问题意味着加大葡萄酒酿制的经济负担。酿制葡萄酒可以用南极温室种植的葡萄，但这将是一个极其昂贵的爱好。

适合植物生长的理想气候是热带气候，因为它位于赤道或接近赤道，一年四季都很热。季节的变化对来自太阳的辐射影响不大。赤道热气产生大量的对流降雨，空气全天受热，促使低层空气上升。随着空气受热膨胀上升至高空，水汽冷却凝结，于是下午便降阵雨。日日皆是如此。因此该气候的特点是常年温暖、湿润。

虽然热带气候适于某些植物生长，但于葡萄而言却不然。你可能已经在葡萄酒地图册中注意到，赤道附近几乎没有葡萄酒产区。并不是说葡萄不会长于热带气候，只是种植于热带环境中的葡萄不适合做酿酒葡萄。酿酒葡萄若不经历休眠期，其酿酒效果则会差强人意。大多数植物适应了真正的冬季寒冷期的气候，需要这段时间处于最佳状态，而热带地区长达一年的温暖并不能提供这段时间。正如我们将会在第六章中详细探讨的那样，酿酒葡萄需要两至三个月的凉爽期，在此期间温度始终不超过50华氏度。而热带地区不会有这样的条件。

仔细搜索，你可能在热带地区能发现个别地区具有生产优质葡萄酒必要的凉爽期。不过问题在于，尽管这些地区可能在纬度上处于热带地区，但它们是高原地区，并非热带气候地区。即使我们在讨论热带气候时捎带将这些地区归入其中，高温也仅仅是问题的"冰山一角"。我们对热带气候的定义有一部分基于降水，热带气候降水量颇丰。因此，即使我们发现了温度特点相宜的地区，也很难克服这些气候中固有的充沛水分问题。季风气候尤为如此。当我们需要酿酒葡萄生长的干燥条件，季风气候在每年确切时间（夏末）降水量尤为充沛。

沙漠气候有两种不同的情况。世界上大多数大沙漠都集中在北纬25度或南纬25度附近。赤道地区上升的热空气气流升高而冷却。之后，它们在赤道另一侧向地面下沉。空气下沉，温度升高。这便造成了沙漠的干燥（热量升高意味着湿度下降）条件，诸如非洲、中东、中亚、澳大利亚和美国西南部的沙漠。

我们发现沙漠的另一个条件是雨影效应（rain shadow effect）。空气上升并越过高山、冷却，失去保持水分的能力。高山迎风面会有潮湿天气。当空气越过山顶下沉到另一侧时，空气开始回暖。空气变暖意味着干燥，于是山脉的背风侧会更加干燥。背风坡可能干燥到被归类为沙漠地带。典型例子便是喜马拉雅山脉中亚地带背风侧的沙漠和南美安第斯山脉的沙漠。言归正传，俄勒冈州和华盛顿州的海岸和喀斯喀特山脉（Cascade Ranges）产生了雨影效应，这对其葡萄酒产业至关重要。

不管沙漠是如何形成的，它的干旱特点让种植葡萄非常困难。沙漠的特征是缺水，虽然有降雨可能性，但蒸发量远远超过了可用水分。若是用灌溉来克服缺水问题，那么葡萄藤就可以在这些地区生长繁盛。但是灌溉并不容易解决。许多人在家庭院子里使用的喷雾灌溉不利于沙漠气候下的葡萄灌溉，喷雾在空气中挥发会损失大量水分，导致水分蒸发。葡萄需要浇水。喷雾灌溉非常适合草坪，滋润着每一寸草地。然而，在葡萄园里，我们不需要把水洒在每一平方英寸的土地上。我们需要的是重点地区的浇灌，为此我们使用滴灌（drip irrigation）。滴灌使用铺设在地上或地下的多孔软管，在关键点滴下稳定的水流。在沙漠气候下，滴灌的优势在于能够浇灌作物，并且蒸发损失最小。这并不是说喷灌（spray irrigation）没有作用，只是喷灌不适合浇灌沙漠植物，但喷灌可用于降低温度和防止葡萄变成葡萄干。当水蒸发时，水将热量从空气中抽出，从而有效降温。实际上，这是某些干旱气候用于蒸发式空调或"沼泽式"冷却器的基础。

灌溉的第一个问题是水源，然而沙漠气候中的水源总是不足。第二，用水必须安全。地下水和地表水可能含有天然污染物，可用性有限。第三，抽水成本，特别是远距离抽水的成本可能会令人望而却步，使浇灌成本过高。如果不能解决上述三个问题，那么关于滴灌与喷灌的任何讨论都是没有意义的。

与热带气候不同，沙漠气候确实具有酿制优质葡萄酒的潜能，但这并不意味着任何沙漠都可以作为酿制产地。一些沙漠十分炎热干燥，甚至不能进行葡萄栽培的合理尝试。但是有些地方有可能生产优质的酿酒葡萄。比如在亚利桑那州南部的埃尔金（Elgin），那里和真正的沙漠相比，更像干旱的草原，可以种植葡萄，也可以生产葡萄酒。然而，葡萄的生长条件仍然不理想，需要大量的人工干预。

大陆性气候对于许多形式的农业来说是理想气候。地理入门教材将大陆性气候与谷物、蔬菜作物和其他形式的农产品生产联系起来。大陆性气候作物生长季节适中，夏季炎热，整个生长季节降雨充沛。这使大陆性气候非常适合大多数形式的农业，不过大陆性气候在葡萄栽培和葡萄酒生产方面却处于边缘地位。

适当大陆性效应产生了大陆性气候。大型陆地的升温和降温速度比周围海洋快得多，从而导致明显的季节性天气变化。夏季，如果天气不炎热，陆地热度适宜且气压低（由于暖气），会有大部分的年降水量。冬季，陆地严寒且气压高（由于冷却），会以雪的形式少量降水。陆地越大，这种影响越大。南半球因为热带以外的陆地很少，所以我们看不到大陆性气候，这与北半球大部分陆地处于非热带地区形成了鲜明对比。北美洲、欧洲和亚洲所处的纬度位置适宜产生大陆性气候，因此这些陆地主要由大陆性气候支配。

大陆性气候可能是大多数蔬菜和谷物的理想气候，这些作物利用有限的生长季在夏季高温下迅速生长，但是在最适合玉米或小麦的气候下酿制优质葡萄酒是一项复杂而冒险的任务，这需要知识、技能和一定程度的运气。偶尔遇到好的年份，大陆环境可能会生产出优质葡萄酒；若遇到不好的年份，葡萄酒产量充其量只能说是微不足道。酿酒葡萄的许多相关作物在这片环境中生长、成熟，许多用于酿制其他酒种的农作物也是如此。利用葡萄酒品种的葡萄酒商可以找到手工制作地点，但是即使在这些地区酿制优质葡萄酒也是一个真正的挑战。

降水对于大陆性气候的葡萄酒商来说可能是一个问题。大陆性气候典型特点是夏季降水量最大或年降水量平衡。这可能对菜园很有用，但远非理想的葡萄酒酿制气候。夏末初秋的降雨会生产大量的多汁葡萄，这些葡萄酿制出的葡萄酒口感清淡或"缺乏酸度"。后期水分也为霉菌的生长创造了理想环境。一些葡萄酒商在葡萄藤之间种植一些作物来处理多余的土壤水分，适当的修剪和喷洒可能有助于减少一些霉菌和真菌。但是生长季节快结束时，降雨不及时可能会使一种丰收的作物产量略微降低。考虑到这一点，这些地区的葡萄酒商会仔细查看天气预报，以便将收获时间定在阵雨之前。

大陆性气候地区生产葡萄酒的另一个主要限制因素是温度和生长季节。正如我们将讨论酿酒葡萄的生长方式时所发现的那样，温度对生长周期的某些节点至关重要。在该周期的其他阶段葡萄也容易遭受极寒天气的影响，意味着晚霜或早霜可能造成灾难性的后果。

有多种方法可以解决这一问题，从而可能在霜冻多发地区栽培出可以生长的农作物。岩石土壤吸收并汇聚热量，山坡种植可以集中热量。一些酿酒师在霜冻时会喷洒灌溉，具有讽刺意味的是，植物上形成的冰实际上可以使它们与外界较冷的空气隔绝。风力机和窗格式加热器也用于抗霜冻。上述所有做法都可以有效地抵抗罕见的轻度霜冻，但是这对于容易出现重度霜冻和反复霜冻的地区在经济上不可行。此外，在温度低到足以冻死植物的情况下，它们也不能保护植物。

葡萄是强壮的植物，能够在各种不同的气候下生存。但是，我们需要的不光是葡萄树能存活，还需要它们繁茂，能够生产出我们所期望的数量和质量均上乘的葡萄。虽然葡萄可以在许多不同的边缘气候下种植，但大规模的葡萄栽培仍局限于一些理想的葡萄酒气候。那么，何为理想的葡萄酒气候呢？我们尚未讨论亚热带和极地气候。显而易见，我们可以迅速排除极地气候。接下来我们要讨论亚热带气候。

亚热带气候通常位于沙漠气候和大陆性气候之间，这种气候为酿酒师生产优质的葡萄酒创造了有利条件，诸如生长季节长、温度温暖适宜、凉爽的冬季休眠期。但是亚热带气候中的问题是降水。印度和中国大部分地区是亚热带气候，夏季降水量最多，由于夏末过于潮湿，因此也不是葡萄的主要产区。某些亚热带气候中，降水量均衡，例如美国东南部和巴西部分地区的降雨非常多，接近于热带，这样的条件也无法支持葡萄酒生产。北欧和阿拉斯加较冷的亚热带气候对酿酒葡萄来说过于寒冷。但是在亚热带气候类别中，确实找到了与葡萄酒生产最相关的气候——地中海气候和西海岸海洋气候。

柯本气候分类系统的分类中，与葡萄酒生产最密切相关的是地中海气候。之所以被称为地中海气候，是因为它们是地中海及其周围地区的主要气候类型。地中海气候通常位于北纬或南纬30—45度，冬季相对温和，夏季温暖干燥。尽管地中海气候可能遇到寒冷天气，但是当平均温度低于冰点时，该气候的停留时间不会超过几个月。这种气候可能遇到沙漠条件，但比真正沙漠的水量条件要好得多。夏季高温加上降水量少导致干旱，除非植物适应那些夏季干旱条件，否则植物将难以生存。植物可以通过夏季休眠或者长出厚实的蜡质叶子来保持水分，适应这些条件。葡萄发展深层根系适应气候变化，这些根系可以利用地下深层储水。

地中海气候处于炎热的沙漠气候和离赤道较远的凉爽海洋气候之间的过渡带。夏季与沙漠相关的干旱条件和高温在这些地区上空移动，使地中海气候类似于沙漠气候。冬季天气凉爽湿润，这些地区也正因此未被归类为沙漠气候。地球倾斜的旋转轴产生了地中海气候，相对于其绕太阳公转的轨道而言，它的倾斜度为23度，这是造成季节变化的原因。没有这种倾斜，就不会有地中海气候，而这会造成悲剧性结果，因为加利福尼亚、西班牙、意大利、澳大利亚、南非和法国南部的大多数葡萄酒产区都位于地中海气候区。

西海岸海洋气候对葡萄种植的适宜性仅次于地中海气候，它们与地中海气候相邻，并处于地中海气候带的极限。正如名字会让人想到的那样，西海岸海洋气候分布于各大洲的西海岸。从海洋吹来的西风调节了中纬度各气候的温度。内陆地区可能是大陆性气候，但海洋调和足以使该地区归类为亚热带气候。葡萄种植的关键在于西海岸海洋气候，同时该气候应尽可能靠近赤道，因为西海岸海洋气候从赤道可以一直向北延伸到苏格兰、挪威和阿拉斯加等地（北半球）。尽管这些地方可能适合生产其他酒种（我们将在后面的章节中讨论苏格兰和威士忌），但我敢打赌，你可能没有喝过优质的阿拉斯加葡萄酒。

虽然西海岸海洋气候非常适合葡萄生产，但其与地中海气候截然不同。西海岸海洋气候凉爽湿润，夏季干燥少雨。也就是说，它们的纬度适中不会太冷，也不会过于潮湿而无法生产酿酒葡萄。不同于地中海气候，不同种类的植被都可以在这个气候中生长。这些地区的葡萄酒商更关注葡萄品种，这些葡萄品种更适合在凉爽天气和潮湿环境下生长。当我们将俄勒冈州与加利福尼亚州、阿尔萨斯或勃艮第与普罗旺斯、德国与意大利进行比较时，我们实质上是在比较西海岸海洋气候和地中海气候。

西班牙

地中海气候的完美典型当属西班牙的地中海气候，不过西班牙北海岸和一些多山地区除外。这与西班牙的纬度有关，也是雨影效应的产物。其结果就是西班牙并不是只有单一的气候。更确切地说，虽然是地中海气候，但从北向南，气候也趋于干燥炎热。

与所有地中海气候一样，西班牙夏季气候十分炎热干燥。亚热带高压北移，使得空气下沉，空气更加干燥、热气大；其他时间里，该空气盘旋在撒哈拉沙漠上空。西班牙与地中海气候其他地区的不同之处在于，雨影效应限制了西班牙冬季的降水量。如果西班牙地势完全平坦，那么来自北方的凉风会带来北大西洋的雨雪。但是西班牙地势并不平坦，西北部的坎塔布连山脉（Cordillera Contabrico）大致与海岸平行，其高度足以产生雨影效应，但东部的比利牛斯山脉是一个更大的障碍。结合起来，这些山脉（以及介于两者之间小山脊）将西班牙与北部大部分的潮湿天气隔离开来。

雨影效应和亚热带高温的季节性变化意味着西班牙葡萄酒酒商必须善于应对干旱。虽然西班牙中部大部分地区海拔超过1000英尺（304.8米），但由此产生的降温措施并不能缓解夏季的干旱。实际上，西班牙一些葡萄酒产区的温度可能很高，甚至可以停止光合作用。干旱最明显的对策就是灌溉，这至少对于那些用草坪的质量来衡量自我价值的人来说是这样的。如前所述，这里说的灌溉是滴灌。但是许多地区由于水源不足无法推行灌溉。灌溉也是一个葡萄园经济学问题，拥有丰富资金的大型生产商能够承受安装、维护和使用冲洗系统的成本。即便如此，小规模葡萄酒商仍然对灌溉感兴趣，因为这样葡萄藤种植密度更高，每棵葡萄藤的产量就会更高。这足以抵消较高的运营成本，并能还清用于安装系统的贷款。但是即使酿酒商拥有的水源充足、能负担成本并且可以使用灌溉，可由于天气炎热干燥，仍无法使用普通的藤本植物来生产酿酒葡萄。而事实上，西班牙少有适应于潮湿寒冷的藤本植物。

气候十分干燥并不意味着我们需要立即转向灌溉。简单说，通过增加葡萄园的行间距，酿酒商可以应对干旱。行间距越大，葡萄藤可吸水面积就越大，这样植物就可更好地应对干旱。不足之处是排数减少，生产量也会减少。为了防止水分流向其他植物，干旱地区的葡萄酒商将竭力除掉两排间生长出的杂草和其他草类（如果确实这样的话，这种植物实际上还是会生长）。这些植物没有经济价值，还会和葡萄争水分，所以保留它们没有任何价值。酿酒商可以利用各个植物周围的集水区来捕获径流，还可以尽可能阻止增加蒸发率的表面风。可以浏览下西班牙葡萄园图片，或者下次来西班牙去参观一番，肯定能在西班牙葡萄酒景观中看到这些做法。

除了采用适合干旱的种植方式外，西班牙酿酒商还擅长使用适应干旱气候的葡萄品种。这些植物可以在对于普通品种过于炎热干燥的条件下生存，有些更像灌木丛。由于生长在低矮灌木丛中，这些植物受到的阳光照射少于缠在高架上的藤蔓。一些西班牙葡萄园中，这些品种根本无需任何藤架。除植物形式外，有些植物适应于水分较少的环境，叶子较小或带有蜡质涂层从而减缓了水分的流失。

继续讨论极端炎热、干旱以及寒冷的天气问题，听上去有点奇怪，但这正是西班牙及其气候的有趣之处。北部群山并不是一座高大而坚固的城墙，气象系统能越过沿海山脉。山脉还与山谷相交，山谷充当来自大西洋以外的寒冷潮湿空气的管道。比利牛斯山脉和其他山脉相比是北方寒冷空气的重要屏障。但是秋冬时节，寒冷的高山空气会飘落到山谷中。冷风的到来可以缩短西班牙北部边境葡萄酒产区的生长季节。许多西班牙葡萄酒产区位于高原国家，海拔高会导致温度降低，并可能影响葡萄酒的产量。所以葡萄酒商必须应对两个问题：夏季高温和春秋低温。

为了应对高温，西班牙葡萄酒商传统上使用了适应干旱气候生长的葡萄品种，该品种对气候的适应度高。它们在西班牙家喻户晓，深受喜爱。因为非主流，西班牙以外地区的葡萄酒消费者对这种葡萄品种了解甚少。里奥哈（Rioja）、纳瓦拉（Navarr）和卡斯蒂利亚-莱昂（Castilla-Leon）之类的葡萄酒品牌对许多消费者而言意义不大。虽然这些地方是西班牙最重要的葡萄酒产区，但仍然没有波尔多、勃艮第和托斯卡纳声名远扬。知名度的问题同时波及到了西班牙常见的葡萄上，譬如丹魄和歌海娜（grenache）也不像霞多丽或赤霞珠（cabernet sauvignon）那样被美国人所熟悉。

随着时间的流逝，西班牙葡萄酒的知名度因其卓越品质大大提高。另一个原因是人们对西班牙的了解与日俱增。很久以来，世界不知如何确切看待西班牙，因为西班牙在佛朗哥政权（Franco regime）统治下与主流经济隔绝。但现今的西班牙不可同日而语。欧洲一些最热门的房地产位于西班牙的地中海沿岸，西班牙培养了最负盛名的专业运动队伍，同时西班牙在葡萄酒贸易中的知名度也越来越高。无论是通过推广本土葡萄酒，还是因为采用酿酒技术和更广为人知的葡萄，越来越多的西班牙葡萄酒出现在了美国的货架上。

第四章 小气候和葡萄酒

　　当谈论气候、风土和葡萄酒，我们需要界定范围。范围是一个常见地理概念，地图上用它来指示距离和大量细节；范围也是一个很重要的气候概念。看气候就像是欣赏乔治·修拉（George Seurat）的画作。修拉是法国印象主义画派画家，善用色彩点缀。

其画作近看只是五颜六色的斑斑点点；远看斑点连成片，形成一幅幅精妙绝伦的画面。气候同样如此。远处看，是广袤的气候区；凑近看，各种局部差异便显现。这种局部气候差异就是小气候。在自然因素相同的背景下，小气候让家家户户的葡萄园风土各有千秋。

气候也有差异。为了给气候分类，我们使用了数个气象站获取的大范围温湿度数据。但是，这些范围存在大量局部差异性。虽然广义上，山顶、山谷、南北坡都属于同一气候类别，但是仍可能在温湿度上有显著差异。比如，康涅狄格州的沿海气候明显不同于内陆气候，且这种差异性不是暂时的，不会因为时间流逝而改变。因此，较大类气候区内存在小气候差异性。

前面谈到西海岸海洋气候时提到了当地的气候问题。爱尔兰、英格兰、法国和德国均属此类气候。这种气候下，合适的地点是可以产出优质葡萄酒的（这是一个很大的假设）。德国属于西海岸海洋气候，生产优质葡萄酒，但不是德国的每个地方都能产优质葡萄酒。德国产优质葡萄酒的地方都具有种植酿酒葡萄的天然条件。有气候优势肯定不是坏事，对适应较寒冷条件的葡萄种类也有帮助（后文详细讨论）。

那么，在通常对葡萄生产没有那么好的气候下酿制葡萄酒需要什么呢？它只需要合适的地点。如果手边有葡萄酒地图册或是相应的图片文章，可以翻阅德国葡萄园图片，极大可能展示的是陡峭山坡上俯瞰河流的葡萄园。毕竟，德国一些质量最上乘的葡萄酒产自摩泽尔峡谷（Mosel Valley）以及莱茵河（Rhine River）支流的几个峡谷。或许，地图还展示了该区域的葡萄酒产地；或许更详细地区分出了普通葡萄酒产地和优质葡萄酒产地。理想状况下，你的葡萄酒地图册上还会包含陆地表面地形或地貌。

对没有葡萄酒地图册或不擅长看地貌地图艺术的人来说，葡萄酒生产模式很明显，主要集中在朝南的山坡上。更明显的是，最佳产区位于该地区河流上方陡峭朝南的山坡上。如果再精确一点，最佳产区位于该地区河流上方陡峭朝南的斜坡中间。原因就是此处的小气候。但是将原因认作小气候就好比汽车移动是因为有发动机，确实是正确的答案，但是没有提供很多有用信息。

气候的局部差异由几个原因造成。坡度影响日辐射角度、土壤湿度、风向和冷空气下沉速度。靠近水域可以调控温度，温度波动最小。海拔很大程度上影响着温度和降水量，甚至地面生物也会对温度产生重要影响。把这些因素综合起来，我们可能发现广义上属于同一气候类别的地区中存在大量空间差异。如果想掌握气候、风土和葡萄酒，我们需要了解这些差异。

为了解陆地表面对温度和小气候的影响，思考下面的例子。亚利桑那州图森市，8月一个阳光灿烂的日子，树荫下是110华氏度（约43摄氏度）的高温。我们想光脚穿越城镇，脚不会像在烧烤架上烤过一样，应该选择什么地面呢？草坪？也许混凝土人行道是个不错的选择。沥青街道？路中间的井盖会是双脚的避难所还是煎锅呢？

通常，整个城镇温度相对稳定，不过地区间也会出现局部差异。有些地面反射太阳的大量日照辐射。反射率（以百分比为单位）称为反照率。如果地面（如草地和混凝土）反射日照辐射，相应产生的热量会更少。其他地面（如金属和沥青）因吸收大量太阳辐射而产生更多热量。因此，可以放心在草地和混凝土上安全行走，而沥青、金属地面的热量高到可以烧烤了。我们可能不会注意到距地面5英尺（约1.5米）的差异，但是双脚绝对可以感受到地面的热量（请注意虽然8月的图森，裸露的金属地面温度高到可以烧烤，但是永远不会高到可消灭肉里的细菌。警告！）。

地面升温的讨论是前章连续性讨论的拓展。我们还需要关注地面升温模式中的另一个元素。回到赤脚走路的比喻，夜间我们寻找的是最温暖地面，不是寻找哪块地面升温幅度最大，而是哪块地面保温最久。恒温是年初种植、季末生长、避免晚间寒冷和霜降的重要考虑因素。所以第七章谈到的岩石土壤，不要将这些土壤视作岩石，而是将它们视作加热源。

影响温度的另一个因素是海拔，这也解释了为什么赤道附近也会下雪。距海平面越高，温度越低。实际上，每上升1000英尺（约304.8米），（气象）环境（垂直）递减率（变化速度）是3.2华氏度（−16摄氏度）。某些情况下，可能温度差异与环境递减率不一致，但只是暂时的。所以在海拔约30000英尺（约9144米）的高空飞行时，温度要比海平面低近100华氏度（约37.8摄氏度）。下次坐飞机看见显示高空温度，你可以检验一下。

温度变化是因为底部的大气最厚。大气向上移动，密度减小，气压上升。密度变化是就温度而言，意味着大气传递热量的分子少；分子少、气压低，分子运动摩擦产生的热量更少。生产的热量少，大气层传递的热量就少，温度就会比大气厚重的地区低。顺便说下，很少大气能过滤有害的太阳辐射，所以与低海拔相比，人们在高海拔地区更快疲惫（高海拔氧气量少）、更易晒伤。

　　这就意味着在天气凉爽的地方，对葡萄酒商人来说，他们希望尽可能靠近海平面。如果条件过于严寒，不适合酿酒葡萄的生长，那么在海拔较高处种植葡萄无疑是雪上加霜。另一方面，有些地区的气候对于酿酒葡萄又过热。为了耐高温，我们可以试试更适应葡萄栽培的海拔地区。这便是那些炎热干燥地区葡萄园的生长模式（如上一章亚利桑那州埃尔金地区）。

　　即使海拔相同，山两侧的温度也会有差异。向阳侧吸收更多的集中日射，产生更多热量。反之，背阳侧接收较少的集中日射，产生较少热量。如果背阳山坡一天部分时间处于阴影下，那么这一侧的日射会更少。高山、山丘都是这样；即使在是最平缓的山坡都是如此。如果在多雪的气候，看看春天融雪时，注意一下山丘哪侧的积雪会最先融化。

　　如果我们想在温暖气候下酿制葡萄酒，土地坡度及其对温度的影响可能不是我们的主要考虑因素。如果我们身处凉爽气候，山坡是重点问题。即使日热量差异或许就几度，但是生长度日（反映有效积温）是一年里累积起来的。如果将生长季、早霜和晚霜以及足够适宜丰收的温度生长条件纳入考虑中，生长度日也非常重要。若真是如此，山坡和山坡朝向在葡萄生产中也发挥着重要作用。

　　坡度对于小气候影响远不止升温问题，它是山坡和空气运动关系中的一个因素。同一山丘的山顶、山腰和山脚吸收的日射可能相同，产生的热量相同，但是由于冷空气下沉和风通透的作用，这些位置在温度和湿度上有差异。因此山脚种植的作物不会在山顶种植。对于酿酒人而言，这意味着即使一个山坡不同位置吸收的日照相同，产生的热量相同，对生产葡萄酒的作用并不一定相同。

白天，大气升温引起地表面热空气上升。夜里，大气温度冷却，近地面空气会冷却下沉。空气冷却，空气浓度升高，容易下沉。最冷时的空气密度最大，会下沉到最低位置。冷空气将"下沉"到山谷，因此被称为"冷空气下沉"。山谷夜间气温最低，很有可能出现霜降，白天会逐渐升温。有些气候太冷不能酿制葡萄酒，这样的条件使得山谷地区种植葡萄不切实际。即便切实际，也会让酿制出的葡萄酒质量大打折扣。

冷空气下沉使得山坡底部并不是葡萄生产的最佳位置，山坡顶部的位置也仅是一般。你或许能从经验得知，山丘顶部风最多，山顶会比山脚严寒。虽然我们通常不会想到与植物有关的风寒，但是风确实会产生影响。除了风寒的影响之外，风多意味着蒸发度高，影响葡萄藤生长和葡萄藤孕育果实的能力。一些耕种方法能缓和冷空气下沉和风接触带来的影响。山坡上成行排列的植物（整个山坡并没有都是植物）、地面植物的修剪让冷空气易从山底流过。这些做法不适合多数作物。因此，长年累月的水土流失让植物根部暴露，地面岩石暴露在外。修剪植物叶子不切实际，叶子是收获物。葡萄藤根系深厚且可以结出果实才会使得这些行为对葡萄园可行。

上述情况意味着在寒冷气候下，我们希望在向阳山坡、山腰上种植，作物可得到太阳的滋润，较少受到风力和冷空气下沉带来的影响。我们能看到的葡萄藤差异，葡萄酒品鉴中可以切实地品尝出来。这在优质葡萄酒地形图的地图册中屡见不鲜。

　　邻水是房地产业很好的选择。人们喜欢住在水边，既可消遣娱乐，又能欣赏美景，为此总要多付出一些成本。从经济角度看，水是一种便利，水体对局部气候条件也会产生影响，邻水房屋对当地的葡萄酒商也颇具价值。正如我们之前讨论的那样，水会调节温度。夏天，水需要比陆地更长的时间才能升温；同样，冬天，水需要更长的时间才能冷却。

　　日气温可能波动很大，但是日水温可能没有太大的变化。冷空气下沉至较暖水体，温度会上升。热空气流经寒冷水体会冷却。净效应是我们喜欢在其周边居住、赏景的水域减少了日温度波动和季节温度波动。

　　如果一个葡萄园位于某大规模水体的下风处，水体对流经空气的影响很重要。即使水体面积不太大，顺风和逆风生长条件的差异可能会影响到生长的葡萄品种，并可能决定是否能种植葡萄。升温和冷却的幅度可能只有几度，但是在边缘气候中，几度的差异便可影响葡萄长势的好坏。

　　现实是水面上空气流动引起的升温和冷却并不那么简单。夏季水体的顺风处就变成冬季该水体的逆风处（反之亦然），水体对空气湿度的影响也需要重新考虑。提供温度福利的同一片水体或许会引起湿度问题。凉爽的气候中，水体开始冻结，其调节水体温度的作用会减弱。因此，水体、小气候和葡萄酒生产最终呈现出来的规则就是没有规则，这是我们必须按照实际情况考虑的。

　　所有上述小气候问题让葡萄酒和气候的有关讨论复杂化。几乎找不到有相同气候条件的两个地方。如果我们要笼统讨论葡萄园和气候，这种情况会更加糟糕。不过另一方面，这意味着每种葡萄酒可能并且应该有所不同，非常值得取样研究。

莱茵河及其支流

凉爽气候（生长季短且有早霜）下生产葡萄酒是怎样做到的呢？这个问题很重要，因为有些地方气候和葡萄酒的关联性并不强。这些地方的气候似乎最多只能勉强接受葡萄酒生产。但是，这些地点能持续产出优质葡萄酒。关键是要使生产适应环境，并从我们可以支配的条件中得到我们所能得到的一切。因此我们也需要找到适合现有环境生长的葡萄品种。莱茵河及其支流地区便能提供这样的环境，雷司令就是这类葡萄品种。

莱茵河流域的气候并不是葡萄栽培和葡萄酒生产的理想地。在莱茵河流域生产葡萄酒是将该农业活动强行纳入一个不一定合适的区域。要想使之适合，就需要能适应寒冷天气的葡萄品种，莱茵河流域拥有着这样的葡萄品种，如雷司令、西万尼（Sylvaner）、黑皮诺［Spätburgunder（pinot noir）］、米诺-图高（Müller-Thurgau）。我们也需要在该地区寻找理想种植地，因为并不是所有地方都满足这一条件。

如果有葡萄酒地图册，现在可以翻阅一下，看一下德国葡萄酒产区地图。如果葡萄酒地图册的地图包括地形图（地表形状），会发现主要河流上方南坡葡萄园的模式。不是所有的德国葡萄酒产区都会谨遵这一模式，但最优质产区的葡萄园都是如此。

原因非常简单。南向山坡能够最大程度发挥太阳光线的加热效用，同时冷空气会下沉山谷。修剪和种植葡萄藤有利于冷空气的排出。虽然会造成侵蚀，但是侵蚀会形成日升温、夜保温的岩石土壤表面。丘陵顶部的林地保护坡地葡萄园免受寒冷冬季风的破坏。某些情况下，河水的波光反射也会对葡萄园的微气候产生影响。换言之，几百年的实践和实验造就了无与伦比的葡萄酒产区，完美地阐释了如何利用微气候。雷司令葡萄很好地融入环境之中，因为相较于其他葡萄，这种葡萄更耐寒。它们在一年较晚时节成熟，可以充分享受秋天最后几日的温暖。一英亩雷司令不能产出大量葡萄酒，因此雷司令葡萄的典型产地位于其他葡萄品种难以适应的寒冷气候。

山坡上的葡萄园不仅见证小气候工作原理，也是鉴赏优质雷司令葡萄的绝佳地点，同时还见证传统方式的葡萄栽培。陡峭的山坡适合大多数机械农业。事实上，机器可能仅限于升降机从而将收获的葡萄运送至山谷，这就是为什么大多数酿酒厂位于山谷之中。将葡萄运下山总是会比将葡萄举上山容易得多。葡萄园处在陡峭山坡会让工人收入增加。德国的人工成本费用极高，产自山坡葡萄园的葡萄酒（德国和其他地方的人工费昂贵）价格可能也会水涨船高。但是，如果你喜欢优质雷司令，这个成本还是物有所值的。

地理学研究者对莱茵河流域葡萄酒的兴趣远远超出了小气候这个话题。随着时间的流逝，莱茵河及其支流诸如摩泽尔河切入了深谷。河流的来回蜿蜒（河流呈S形逶迤）扩大了山谷。在河曲的外边缘，水流加速侵蚀了山谷墙壁；在河曲的内边缘，水流变慢，将碎屑沉积在河中并形成洪泛区。深谷和蜿蜒的河流形成了自然景观，在其基础上发展出了迷人的文化景观。南向坡上的葡萄园可以充分利用山谷微气候提供的优势。适合在此气候下种植的农作物并不能适用于北山坡，因此通常北山坡都是森林。沿河光秃秃的山顶零星坐落着几个城堡。这种位置的战略价值至今仍然具有辨识性。河流两侧是公路和铁路，充分利用了漫滩的平坦地形（火车尤其不适合在山间行使）。无论洪泛区扩展到哪里，我们都可以找到其他较传统的农作物来应对寒冷的气候。如果山谷遭遇冷空气下沉，洪泛区的农作物要么能够耐受，要么在出现问题之前早早收割。

我们在山谷中同样发现了城镇和村庄，有些年代悠久，氤氲着历史的古色古香。山谷里洪泛区的农业用地和河流的交通路线促成了山谷城镇的形成和发展。如果仔细查看这些山谷城镇，不难发现许多城镇依傍在河流弯曲内边缘的小片洪泛区中。河水蜿蜒外边缘发生的河水侵蚀会保护这些地方。如果发生洪水，这些村庄坐落于洪泛区之外，虽然有被淹没的风险，但是它们不会受到快速流动洪水的影响。居民点的年代和河流山谷的富足说明河流两畔的村庄中有一些是传统建筑的最佳典范。

莱茵河及其支流的山谷是绝佳的葡萄酒产区。景观中糅合着风景如画的村庄、蜿蜒曲折的河流和山坡的美丽葡萄园共同勾勒了壮丽的景色，在这样的景色中，气候和葡萄酒的相互作用最为生动。从山顶到山坡再到山谷，你可以分辨出气候和葡萄酒相互作用的地区。更重要的是，这个地区酿制的优质葡萄酒也使它成为了游客沉浸当地特色、品尝美味佳肴、品鉴微气候酿制出的葡萄酒的理想圣地。

第五章　葡萄，土壤和风土

　　土壤是葡萄酒生产的一个关键考虑因素。土壤的物理和化学特性影响葡萄树的健康和它们所生产的葡萄的特性。有些人声称能够品尝不同葡萄酒的土壤差异。显然，我从来都不是那种人。

能从葡萄酒中品尝出土壤差异的人懂得土壤的美全在瓶中酒里。因此，切勿随意将土壤称为污垢。从字面意义上看，土壤是酿造优质葡萄酒的基础，同时也是"风土"的基础。

如果你是葡萄园园丁，一看到土壤就能判断土壤的好坏。即使从未播种过的人对于好土壤的外观也会有一些基本概念，或者至少他们自己认为知道。这是因为外表可能"非常"具有欺骗性，这个道理同样适用于日常生活。根长大于铲刀长度的植物不适于在蔬菜土壤中种植。同样，我们用层层小石子覆盖的土壤、表面类似于砾石车道的土壤可能是好土壤。葡萄藤一般根长超过五英尺（约1.5米）。因此，在葡萄酒和土壤中，我们要谨记一条箴言：真正的美丽不在表面。

土壤基础

假设我们对土壤的乐趣一无所知，对我们来说都是土。我们希望能从专业角度探讨葡萄酒和土壤。因此，观、触、闻土壤对于了解葡萄酒大有裨益。即使是新手，仅仅直接观察土壤便可收获颇丰。土壤虽然不能让我们与地球融为一体，但至少沾满它的双手会帮我们"感受"一下。

土壤有质地。用手指轻轻地摩挲土壤就会发现硬屑，实际上是沙粒，是土壤的无机成分。通常，土壤存留的气体或分解的有机物会散发臭味；积水会让土壤潮湿。换而言之，我们直接观察土壤，可以推断出土壤的一些基本特性和成分。土壤不会分裂原子，在土里玩耍并无大碍。

　　如果我们想继续推进观察结果，最好从土壤的无机成分入手；随后，土壤的无机成分便会通过岩石的风化作用显现。风化将岩石分解成细小颗粒，维持植物的生命。小颗粒在水、风的作用下四处移动，融于土壤中。风化是一个物理过程（有时称为机械风化），岩石被风化成碎块；风化也可能通过化学过程发生。

　　化学风化至少需要对化学有一点了解。如果我们能理解酸如何溶解物质或者解释金属生锈时的反应，那么就可以解决化学风化的问题。想象这些过程在岩石中发生，并且一直以来发生过程非常缓慢，只有显微镜才能观察到发生的速度。土壤风化，化学养分被释放到土壤中以及土壤留存的水分里。很久以来，这种风化持续不断给土壤提供化学养分，维持土壤的持续生产力。没有风化作用，植物和在土壤中流动的水会稀释养分，降低土壤生产力。

　　要理解土壤中无机成分的影响，可以想象一块大岩石。岩石中含有许多和肥料中相同的化学化合物。问题是，这些化合物是固体岩石，植物无法吸收。这些化合物风化成细小的、（有时是）微观的小颗粒，可以直接接触植物，给土壤施肥。有了这些化合物，土壤为葡萄藤的生长提供了良好环境。这些化合物不仅影响植物结育果实的能力，还影响果实的化学特性。综上所述，风化对葡萄酒生产至关重要。

　　除无机物外，土壤的有机成分同样包括有机物（叶子、植物根等）分解的产物——腐殖质（humus）。腐殖质与风化物不同，与之互补，一起滋养土壤。想弄明白有机物融入土壤的办法，可以想象一台覆草式草坪割草机。割草机将草切成无数细小的草片，撒在草坪上。碎草屑都去哪儿了？在温暖潮湿的环境中（例如夏天的草坪），这些碎草屑会逐渐腐烂，变成腐殖质。时间一久，腐殖质便成为土壤中的一部分。发生方式有很多种。即使在草地上玩耍的孩子，也可以帮助腐殖质融入土壤。重要的是，腐殖质非常有利于维持土壤生产力。腐殖质带来的益处能长期地深入到地表以下的土壤层。这对于葡萄生长非常重要。不同于根长几英寸的草，葡萄可以扎根土壤深处。即使这样，葡萄仍然可以汲取地表附近腐殖质的养分。

土壤有机物对生物生长十分重要。作为生长周期的重要一环，草从地面吸取养分。我们在草坪上撒下的肥料也落在那片碎草屑中。所以，将草以腐殖质的形式埋入土壤，草的养分慢慢进入到土壤中。另外一个好处是，分解后的有机物易于保留水分。将分解草片看作微小的海绵，净效应便是混入土壤中的有机物为植物提供养分，保存植物生存所需的水分。

土壤深处的有机成分和无机成分的比例会发生改变。地表土壤中有机物含量较高，甚至土壤含有几乎完全有机的表层或"土壤层"。这不无道理，因为分解有机物藏于土壤表层。同样，随着基岩缓慢风化，无机物逐渐渗入土壤深处。穿过土壤层逐渐向下，有机物比例降低，无机物比例增加。这种变化在幼年土壤中可能仅几英寸深。此过程会持续几千年，土壤会持续增厚，曾经的薄土可能会变成几英尺厚的土壤。

土壤深层的变化有利于葡萄等根长植物的生长。每一土层都会为植物提供不同的养分。有些土层善于存留养分，有些土层善于收集和储存水分。葡萄藤在这些土层中长出大量根源，吸收土壤的养料，而其他土层并无过多养料。藤蔓根深入土层，充分汲取土层的养分。

气候在土壤生产和风化中起到重要作用。严寒气候中，反复性季节冻结产生较高的物理风化率。岩石中水循环冻结、解冻能让岩石破碎；岩石和用于铺路的类岩石（例如混凝土）都是如此。时间一久，人行道就会出现裂缝。裂缝里的水分冻结膨胀，逐渐加宽人行道的裂缝。循环往复，裂碎的人行道最终被扫雪车清理。植物根部（尤其是树木根部）楔入岩石中也可以产生相似的效果。如果附近有成龄树，可能出现树根在人行道上往外冒的情况。显然，如果气候没有反复性冻结或者不能维持树木的生长，那么物理风化的作用也很有限。

气候影响延伸到化学风化，原因是温度影响化学反应的速度。化学反应（包括有机物分解）在高温中更迅速。在热带地区的各种炎热气候下，化学风化和分解速度加快；寒冷气候中同样的风化或分解可能需要更长时间。想要证明这一点，参考前面讨论的碎草屑。将一些碎草屑放于冰柜、冰箱中或者浴室柜台上，不久将看到温度对化学风化的影响。无论化学风化还是物理风化，风化速度都会影响葡萄藤和其他植物在土壤中寻找所需养分的能力。

气候对土壤构成、植被的影响使得气候图、土壤图和地表植被图的模式十分相似，这是一个非常有用的学习工具。我们可以看见地面的植被，但并不能看见气候和土壤。但是如果明白植被、土壤和气候三者之间的关系，便可推断出我们看不到的。请思考以下两种土壤环境。

氧化土是雨林气候中的主要土壤。热带雨林的主要植物是阔叶常绿乔木，生长于温暖湿润的理想环境中。温度高、水分充足会加速有机物的分解，并且化学风化率高。然而，雨林的水分往往冲走土壤中的有机物和养分，导致氧化土风化严重，几乎没有养分和有机质含量。养分都在树上。这就意味着热带气候不仅只有气温和降水不适合葡萄生长，土壤也几乎没有葡萄藤所需的养分。

旱境土是沙漠土壤。沙漠仙人掌和其他植物适合生长在炎热干燥的环境。环境干燥意味着地表植被少，土壤中有机含量有限。没有植被意味着侵蚀会加剧。干燥条件下，化学风化受到限制；岩石风化更加缓慢，并因侵蚀暴露在地表。结果，旱境土通常暴露岩石表面，地面几乎不长有机物。风化发生时，几乎没有土壤水分冲走土壤养分。对于葡萄和其他植物，这可能是一件好事。如果酿酒师能克服极热和缺水问题，那么土壤的养分就可以让旱境土用于葡萄生产。

土壤的形成需要很长一段时间。其形成方式既取决于气候，还受基岩地质、植被、地形和时间的影响。土壤记录着过去几百年的环境状况：潮湿还是干燥，温暖还是寒冷，过去是森林还是沙丘？一个地区的土壤可以透露很多信息。

探寻土壤的基本特点时，在进入地理文献研究之前，我们应该多出去走走。但是，某种程度上我们必须应对这样一个事实，即在地理环境中才能充分了解土壤；如果不重视位置的重要性，我们就无法真正了解土壤。不同地点的地质、植被、地形和气候各不相同，土壤也不相同。

　　地形是地表的形式或形状。地形依赖位置，可能是土壤形成最重要的因素。地形是土壤侵蚀、输送和沉积的主要限制。如果地形平坦且无风，那么这些因素并不会影响土壤。可事实显然并非如此。之前的章节讨论到，山坡通常是种植葡萄园的理想之地。因此，我们要知道地形如何影响葡萄园的土壤。

　　侵蚀是指通过风、水或冰在地表上的运动而移除物质的过程。我们不会在冰川周围发现葡萄园，因此冰的侵蚀力忽略不计。水和风侵蚀物质，并将其运到沉积的位置。我们研究葡萄园的土壤时，需要考虑侵蚀和沉积的影响，因为侵蚀和沉积都会影响土壤质量和土壤生产力。

　　以前面说到的侵蚀和碎草屑为例。割草机卷起的灰尘和碎屑是侵蚀的产物，将灰尘和碎屑扬向空中。若不是为了明白土壤缓慢形成的原因，产生的尘雾影响几乎微不足道。每一个尘雾表征着一到两年的新土壤发育。我们要考虑的不仅是灰尘量，还要考虑灰尘中包括的物质。尘雾中的有机物含量和植物养分含量可能很高，大部分是草坪表层土壤。风吹走了灰尘，同时造成了土壤的部分生产力下降。侵蚀导致流失的土壤从当地流失，奔越千里，汇集到固定地点。土壤最后沉积下来，沉积的有机物和植物养分惠泽当地的居民。

　　侵蚀的重要性在于虽然侵蚀速度缓慢，但还是要比土壤形成的速度快。土壤表面的侵蚀能移除有机物，留下无机物成分。侵蚀严重的地方，去除了一些物质，留下的便是裸露的基岩。根据侵蚀发生的速度，侵蚀会使土壤丧失养分或者完全剥夺土壤中的养分。

说起礼物，送礼好于收礼。谈到侵蚀中的土壤流动时，收礼（土壤沉积）好于送礼（土壤流失）。风或水造成的物质沉积会引入其他地方侵蚀的有机物和植物养分。数量有限的情况下，这是一件好事。沉积是土壤的天然施肥，久而久之，河流洪泛平原的农业社会依赖季节性的洪水提供肥力。

农业社会中，洪水不是灾难而是生命循环。显然，有些情况中的大坝防洪和（或）大坝发电破坏了这种循环。经典案例是尼罗河的阿斯旺水坝，大坝不仅为埃及人民提供大量电力，而且阻断了每年的洪水。为此，埃及人不得不使用人工肥料来代替洪水携带的天然沉积养分。

沉积过量也是一个问题，比如沉积物（称为冲积物）完全覆盖了现有土壤，当然这有些极端。虽然适量厚度的冲积物会对植物的现有根系产生短期影响，但从长远来看，沉积物在土壤发育中起主要作用，这是因为土壤沉积速度远超风化作用中土壤的形成速度。仅一次洪水沉积的土壤有可能比固有形成的土壤还要多。多次沉积形成的土壤称为沉积土。在拥有这些土壤的地方，风化的作用只是微乎其微。

观察土壤层即可轻易识别沉积土。在发育良好的土壤中，土壤层之间也有关联。土壤层的特点是层层相连，而沉积土的土壤层之间并无关联，与蛋糕夹层、颜色、质地、"味道"一样各不相同。

土壤是冲积土的有力证明是土壤层中具有大小均匀的颗粒层，这是因为风和水在输送物质时会对其进行分类。水流快且水量大，动力强；水流慢且水量少，动力小。水流速度高时可冲走汽车，水流中速会带走砾石大小的颗粒，水流速度慢会带走黏土大小的颗粒。沙子和砾石土壤层是快速水的沉积，该土层上下方的细层土壤是慢速水的沉积。这个道理也同样适用于风力作用，但是风力不如水力作用明显。土壤形成的土层可能会永远存在，它们可能会在沉积岩中永久地层化。

土壤的形成颗粒并非无关紧要。土壤科学家谈到诸如砾石、沙子、淤泥或黏土之类的词语时，实际指的是土壤颗粒的大小（按降序排列）。土壤中这些物质的确切比例是对土壤质地进行分类的基础。因此，我们使用一个叫土壤质地三角图的工具。使用三角形描述沙子、淤泥和黏土的百分比图表，将土壤质地分类。根据美国农业部的分类系统，砾石和比沙子大的其他颗粒物不是土壤质地。沃土不是一个宽泛或含糊不清的术语，而是一个质地分类组别。在这种情况下，该分类下的沙子、淤泥和黏土的含量近乎相等。后面章节的叙述将会看到，葡萄和其他植物的土壤质地的重要性在于这种土壤质地对储水能力的影响。

土壤质地的重要性在于它会影响土壤的入渗率、渗滤率和孔隙率。简单地说，意味着土壤质地影响水进入土壤的速度、水渗透土壤的速度以及土壤中孔隙空间的数量。如果将一桶水倒入儿童沙盒中，另一半倒入附近的裸露土壤中，我们会看到土壤质地的影响。粒径越小（黏土越多），水进入并渗透土壤的时间越长。实际上，一些黏土的颗粒太小且紧密堆积，水无法渗透。在垃圾填埋场开始使用塑料，防止渗滤液（从垃圾填埋场中提取的化学元素的水）进入土壤之前，负责任的垃圾填埋场场主在垃圾填埋场的底部衬有厚厚的黏土层。黏土层会延缓或阻止渗滤液流入下面的土壤。黏土仍被用作新垃圾填埋场的地基，即使它仅用于支撑和加固塑料衬。

土壤质地在确定土壤储水能力方面也非常重要。如果我们把沾满潮湿土壤的一把铲子翻过来，一些水分可能会流失，再说一遍，是可能会。土壤中留存的水分之所以能够保持，是因为土壤颗粒和水分子之间的张力足以保持水分，这种张力影响着土壤的农业价值。我们想要的是可以保持水分的土壤，而不是张力过大致使植物无法吸收水分。张力水平取决于土壤的质地。

我们用吸着水、重力水和毛细管水对土壤中的水分进行分类。吸着水是张力太大致使植物无法将水抽出时使用的术语。虽然有吸着水，但是植物无法吸收它。从土壤中提取水的唯一方法是在高温下烘烤土壤使水分蒸发。显然，这不适用于农业目的。吸着水的对立面是重力水，张力小，可以渗透土壤。如果我们把满是潮湿土壤的一把铲子翻过来，水确实会溢出，这便是重力水。重力水在农业生产中的用途十分有限，因为重力水在每次降雨后都会流失。吸着水和重力水的中间程度是毛细管水。这种水可以保存在土壤中，其张力水平大于重力水的水平，但小于吸着水的水平。这种张力水平对于植物生长非常重要。

葡萄藤根系的侧视图说明土壤层的重要性及其储水的能力。含沙量高的土层不会储存太多水，毛细管水会流出这些土层。沙质地层是植物的虚拟沙漠。植物的根为了寻找营养和水会穿过这些土层。黏土含量高的土层可以容纳水，但是这样的土层具有吸湿性且张力强，所以植物可以充分利用土层汲取养分。就像在垃圾掩埋场里，水无法渗入黏土层，从而滞留在该土层上方。水浸润上面的土壤到一定程度，会使土壤无法培育大多数作物。这种情况在生根有限的情况下十分常见。优质的土壤组合混合了黏土、沙子和淤泥。尤其夏季干燥的气候，充分的黏土可以减缓水分的流通并保持水分。同时适量的淤泥和沙粒可以使水分作为毛细管水得以保持并防止被浸泡。

从沙子到淤泥再到黏土，土壤中储水的张力不断增强，这明显会影响植物吸收土壤水分的能力。不仅如此，这还会影响植物汲取养分的能力。下次看到肥料时，请思考：假如肥料不含农药、除草剂和杀真菌剂，这包肥料会附有浇水说明。甚至一些肥料可以进行液体施肥，原因是植物从土壤中吸收的许多养分可溶于水。因此，土壤储水的能力至关重要。

当土壤被看作是植物生长的基础时，土壤可被比作杂货店。土壤含有植物所需的各种化学化合物，一些关系着植物的生存；其他的功能更加具体，例如支持植物繁殖、根系生长和果实发育。我们在街角小店买一加仑牛奶的时间，一株植物就会从周围土壤中吸收钾。

基本看来，植物养分有两种：阳离子是带正电的颗粒，包括钾、钙、镁和铁；阴离子是带负电的颗粒，包括磷和硫。如果车库里有一袋化肥，化肥成分单中可能会包含成分表中的许多营养素。无论养分来自肥料还是直接来自土壤，葡萄藤都会将其与植物根部获取的水分一起吸收。

有些土壤比其他土壤能更好地提供养分。黏土和腐殖质阳离子交换容量（CEC）高，即黏土和腐殖质可以更好地供给植物养分。沙子的阳离子交换容量往往很低。淤泥的交换容量处于中间。也就是说，我们对葡萄生长和葡萄酒生产土壤的考量中要添加一项——我们既需要观察植物生根获取水分的模式，还须检查植物生根适用于养分的模式。根茎不仅汲取水分，还获取阳离子用于叶绿素和叶子生长，或者还获取阴离子用于植物发育。就葡萄而言，我们不仅能够看到土壤对植物根系的影响，还可以从葡萄酒中品尝出来。

经过这些讨论，可以最终总结出是什么造就了优质土壤吗？答案是不可以，因为并没有优质土壤的单一定义。适合某种用途的土壤可能不适合另一种用途。因此，定义优质土壤前需要先明确土壤的用途。

关于优质土壤的定义，我们可以做一些概述，如优质土壤的最基本要素是不应该"过度"，即黏土适中，因为黏土既提供养分，又帮助土壤减缓水分流失。黏土过多并非好事，因为会限制根部渗透并截留水分，导致洪涝的发生。同时，黏土会紧紧抓取水分，因此植物无法汲取土壤中的水分。沙子同淤泥、黏土混合形成沃土。沙子过多会使土壤不能保存水分，因而不适于植物生长。土壤的水分是植物生长的必需品。水分过多，大多数非湿地性植物会涝死；水分过少，植物会因缺水枯萎而死亡。植物养分对健康的植物发育必不可少，而任何一种养分过量都会产生相反的效果。

总之，适合农业生产的土壤深厚肥沃、排水良好。沃土由大约等量的沙子、淤泥和黏土组成。这样的沃土应该分解有机质、风化无机物。某些类型的植物可能在非理想环境中生根繁茂。同时，一些土壤条件也会在人工干预下得到"改善"。

葡萄园和土壤

"风土"的概念中容易看出土壤与农业的关系。理论上，"风土"涉及土壤、地质、天气、气候、地貌和文化。实际应用上，"风土"主要基于土壤。网上搜索"风土"，会找到关于作物、食物图片以及很多土壤的图片。这是因为土壤是限定于某个地方而言的。在环境因素中，土壤变化最大。土壤直接影响植物的健康和生产力，例如葡萄藤。土壤的质量会影响作物的生长，还会进一步影响作物的产量。葡萄酒爱好者确实可以品尝出土壤对酿制葡萄酒的影响。

上一章提到的摩泽尔河谷，我们看到的河谷图片是陡峭的南坡葡萄园，讨论过山坡和小气候，但是并没有考虑到图片中的土壤成分。山坡葡萄园的土壤往往呈现岩石表层。某些情况下，这可能是土壤的一个自然特征；而大多数情况下，这是腐蚀的结果之一。土壤表层之所以出现岩石，是因为所有的较轻颗粒都已被冲刷掉。正常情况下农场主会努力减少侵蚀，尤其是处理浅根植物时更是如此。农场主通过在斜坡种植作物缓解侵蚀，这样每一排植物都能减缓侵蚀的进度。这对于根系深厚的葡萄无关紧要。岩石土壤表层可能限制一些侵蚀的发生，更重要的是在霜冻多的凉爽环境中，这些岩石的加热属性可能是真正的优势。

山坡上种有葡萄园的任何地点，我们都需要考虑其土壤和基岩地质情况；尤其是如果整个地区的地质情况各不相同，那么更要考虑上述情况。如果整个丘陵地质特征相同，下面岩石的风化作用将在整个斜坡上产生相同的养分混合物。另一方面，如果斜坡切入到不同的岩石层，风化产生的营养成分将发生变化。侵蚀将物质冲下山坡，进而影响山坡下面的土壤肥力，这可能严重影响葡萄藤的生产力，甚至可能影响山坡较高和较低位置需要种植不同葡萄品种。

就冲积土上的葡萄园而言，要记住土壤层性质可能会有所不同。即使表层土壤非常贫瘠，深层也会有好土壤，因此葡萄藤等深根植物比浅根植物更具优势。葡萄扎根深厚，土壤层养分和水分充盈，可以弥补贫瘠的土壤层和岩石土壤表层。这种优势可在土壤中栽培葡萄，但对于其他形式的农业生产并不可行。

一个典型的例子，下次上网时可以尝试下述操作。在你最喜欢的搜索引擎上搜索"兰萨罗特岛"（Lanzarote）和"葡萄酒"。兰萨罗特岛属于加那利群岛链，位于非洲海岸附近。群岛属于火山岛屿，火山性质在图片上尤为明显。那里的葡萄园与众不同。因为火山灰储水能力差，大多数农作物不能在那里生长。但是，因为葡萄藤能够扎根土壤深处，而深层土壤能更好保持水分，因此葡萄在此得以生存。因此形成了奇观：黑色火山灰上面种植了成千上万株葡萄藤。火山坑仅能收集极其有限的雨水，风会促进植物的蒸发，有开拓精神的酿酒商甚至竖起了矮墙，保护葡萄藤免受风的侵害。该地形成了一个个低洼、月牙形的火山岩壁，每个岩壁里面都有一个坑和一株藤蔓，从外面看上去与众不同。

土壤、葡萄和葡萄酒之间的联系源远流长。土壤如果不是唯一因素，也是"风土"中主要环境因素之一。因此，葡萄酒商会推崇土壤的作用。如兰萨罗特岛这样的地方就是土壤和葡萄酒间联系的一个典范。我们不用冒险去那么远的地方，在本地葡萄园便可看到土壤对葡萄和葡萄酒的影响。

波尔多

世界上观察土壤、"风土"和葡萄酒的理想地点之一便是波尔多。波尔多的城市、地区与葡萄酒、葡萄酒文化息息相关。波尔多闻名的有高端葡萄酒（典型的赤霞珠干红葡萄酒）和令人印象深刻的葡萄酒城堡。这种声誉可能让人产生一种错觉：波尔多只有奢华的酒庄和赤霞珠。事实却恰恰相反。波尔多之所以是多元葡萄酒产区，很大程度要归功于当地的土壤。因此，波尔多是观察、了解土壤如何影响葡萄酒的绝佳地点。

波尔多土壤图非常复杂，乍一看可能很难理解。不过，一旦掌握一些背景信息，便能开始理解土壤图。我们已经讨论过冲积土，如果再增加河流、冰川及它们对土壤影响的一些信息，就可以开始了解波尔多复杂的土壤环境和波尔多酿造的葡萄酒了。

波尔多大多数葡萄酒生产来源于吉伦特河及其支流、加龙河和多尔多涅河的冲积土壤。河流在当地土壤的发育中起着重要作用。如今河流缓慢地逶迤穿过广袤的洪泛平原，从比利牛斯山脉和法国中央高原携带适量的水分，流经波尔多地区时缓慢地沉积沙子、淤泥和黏土。不过，现实并非总是这样。如果将时间定格到最后一个冰河时期，情况会截然不同。河流快速迅猛，携卷着大量冰川。河流历史是波尔多大多数最具生产力的葡萄酒"风土"的基础。

最后一个冰河时期，比利牛斯山脉和法国中央高原冰川化严重。这些冰川不仅含有大量冰雪，还含有随着冰川移动逐渐被侵蚀的物质。随着温度逐渐升高，受海拔差异或者气候变化影响的冰川开始融化并且形成大量冰川水。水带走了冰川中被侵蚀的物质，也冲走了一路流经的其他物质。大量流水从山上一泻而下，有足够的力量携带大量物质。

常见的冰川图片，尤其是冰川终止在陆地上的图片，通常会在冰川底部勾勒出小溪流的蜿蜒状态。辫状溪流是冰川物质沉积的产物。冰川流水积累大量沉积物，河道不断被沉积物堆积，被迫改变流向。冰川附近的沉积物包含岩石和砾石。河水越流越远，沉积了微小物质。大量岩石被冰川击碎，水的颜色也随之呈现为浅灰色。要了解波尔多的地质和土壤，需描绘这些辫状的溪流。在最后一个冰河时代，波尔多可以被砾石沉积物覆盖，沙子和粉状岩石混合在一起。这些冰川沉积物是波尔多"风土"中的精髓。冰川沉积物影响土壤的质量如土壤质地和沉积物风化形成的养分。此外，冰川沉积物也是看懂波尔多土壤图及了解波尔多"风土"的基础。

河流沉积历史影响着波尔多土壤环境的多样化。如今河流缓慢，沉积了富含黏土和淤泥的沉淀物。这些沉淀物并非种植葡萄的理想地。种植葡萄园的土壤优质，位于古老河流沉积物上方。它们与河流平行，但与河流也有一定距离。洪泛平原以外的区域（如之前讨论的圣埃米里翁）的土壤是风化的产物，而非沉积的产物。

土壤多样性并不是波尔多"风土"受到的唯一影响。气候同样很重要。靠近海岸线地区的气候是海洋性气候。大西洋水域在炎热干燥的夏季具有降温作用；在春秋季限制早春和晚秋霜降的每日温差。虽然海洋作用显著，但是位于海岸线的葡萄园会是一个问题。海岸附近厚重的沙质沉积物极大地限制了植物的储水力，即使植物根系深厚也无济于事。盐雾和盐水浸入地下水供应系统在沿海地区可能也会是一个问题。

海岸附近的条件使得冰川土壤非常适合赤霞珠的生产。梅多克（Médoc）、圣朱利安（Saint-Julien）、波雅克（Pauillac）、玛歌（Margaux）或格拉夫（Graves）产区的葡萄酒是赤霞珠葡萄，都得益于当地的土壤和气候条件。可能会有梅洛或品丽珠葡萄，但赤霞珠是主要的葡萄品种。赤霞珠之所以成为波尔多葡萄酒生产的主要品种，是因为该地区是法国为数不多的葡萄种植理想地之一。赤霞珠葡萄生长季节长，易受霜冻影响。此外，赤霞珠在炎热的夏日中产量并不高。因此，海洋的作用（温度适中且生长周期长）提供了满足植物最佳生长所需的养分。除了阿尔卑斯山脉和法国中央高原以南的地中海地区之外，法国其他地区由于生长季节有限，赤霞珠并不是主要作物。但这并不意味着波尔多不会生长其他葡萄藤，事实上可以。但是赤霞珠的经济意义在于，如果可以种植赤霞珠，经济也会逐步发展。

甚至在波尔多地区，内陆条件对于赤霞珠葡萄来说也可能过于大陆性。实际上波尔多没有真正的大陆性气候区，但是靠近法国中央高原山麓，环境的确多变，生长季节也缩短了。上述这些变化使得梅洛葡萄是当地酿酒商酿酒葡萄的佳选。结果，我们看到波尔多地区内葡萄品种的不同：沿海选用赤霞珠；内陆山丘选用梅洛。波尔多未来会种植许多其他的葡萄品种，尽管产量相对有限。

　　土壤和气候让波尔多的故事俨然就是一部双酒记。波尔多以赤霞珠葡萄而闻名。赤霞珠产于沿海地区高级的葡萄酒城堡，该名称对葡萄酒爱好者可谓如雷贯耳。当地葡萄酒店内，我艳羡其中的葡萄酒，却消费不起。另一种是梅洛葡萄，产于内陆知名度不高的小城堡，海洋的作用对于梅洛葡萄并不明显。相比于其他知名葡萄品种，梅洛知名度并不高，价格上也不具优势。赤霞珠和梅洛这两个葡萄品种反映出土壤、气候与波尔多特有的优质葡萄酒息息相关。

第六章　生物地理与葡萄

　　葡萄酒世界品种丰富，主要归因于酿制葡萄酒的葡萄品种也十分多样。如果我们将葡萄酒视为一个过程，而不仅仅是某种葡萄酿制出的一种产品，那么我们甚至根本不需要葡萄。马萨诸塞州东南部的蔓越莓葡萄酒和夏威夷的菠萝酒便是很好的例子。如果葡萄酒是由任意一种浆果酿制而成，那么酿制葡萄酒的可能性会无穷无尽。事实是，在葡萄酒生产方面，并非所有水果和浆果都是一样的。甚至在葡萄（vitis，拉丁语学名）家族中，葡萄酒瓶上标注的葡萄品种和一罐葡萄浓缩果汁中的葡萄品种或商店陈列的鲜食葡萄品种都不一样。以唱歌为例，几乎所有水果或是浆果都可酿制葡萄酒，正如任何一个人都会唱歌。不幸的是，不是每个人都能唱出优美和谐的歌声。

最常见、最具代表性的酿酒葡萄是欧亚种葡萄（Vitis vinifera）。如果继续与唱歌类比，那么欧亚种葡萄就好比伟大的歌剧演唱家。每一种都是可识别、独特的，都能创造巨大的艺术行为，我们为此满怀期待。然而，只有条件完美，他们的表演才会让人难忘。若是三个男高音身处高中体育馆，或是恶劣天气下的户外场地，或是孩子哭闹的房间中表演，那么他们的表演肯定不如人意。或许接近完美，但绝不可能完美。酿酒葡萄也是如此。作为消费者，我们对酿酒葡萄有非常具体的要求。酿制葡萄酒的场地并不会磨灭我们对于酿酒葡萄的艺术性期待。如果条件完美，酿制出的葡萄酒醇香会令人心满意足，难以忘怀；如果条件不尽人意，我们最终品尝到的葡萄酒就好比在杂物间唱歌的帕瓦罗蒂。虽然歌手是帕瓦罗蒂，但体验远非最佳。

种植酿酒葡萄的完美条件是什么呢？为了回答这个问题，我们必须了解酿酒葡萄生长的条件。有一种猜测是，欧亚种葡萄起源于高加索山脉（Caucasus Mountains），该山脉形成了俄罗斯南部边界（介于黑海和里海之间）。如今此地是政治热点地区：动荡不安的车臣共和国、政局不稳的格鲁吉亚、持续不断发生冲突的亚美尼亚和阿塞拜疆共和国，鲜少有游客来此旅游。除了政治问题之外，该地区的自然条件是夏天相对干燥温暖，冬天凉爽但不寒冷，因为多处山脉阻挡了冬季寒风。黑海和里海进一步调节了该地的温度。山林起到的调节作用不如温暖河谷和低洼草地和沙漠的作用显著。在这方面，这和北加利福尼亚地区和欧洲西南部地区相似。

欧亚种葡萄原产地的重要性在于葡萄就是在这样的条件下培育的。确实，多年来人类对欧亚种葡萄的"摆弄"已让该葡萄能在与其原产地气候不同的地区茁壮成长。还有一些非欧亚葡萄品种，例如康科德葡萄（Concord grape），其生长条件明显不同于南高加索地区。大多数酿酒葡萄都是欧亚种葡萄。使用欧亚种葡萄酿造葡萄酒，气候条件要类似于南高加索地区。任何与其有所差异的气候条件都不利于葡萄生长。

光合作用和植物呼吸

我们可以将植物地理环境与植物进化条件联系起来。为了解植物与环境的关系，我们需要观察植物的工作方式。这需要一部分快速习得的植物生理学知识，但这不足以让任何人害怕。我们需要略微了解关于光合作用和植物呼吸的知识；了解一些植物的物理形态是如何适应环境的，欧亚种葡萄如此，玉米、小麦、苹果或其他食物来源的植物也是如此。关键是光合作用、植物呼吸和植物形态将植物与环境相连。我们从根本上理解事物时，便会联系到植物、气候和地理位置。换言之，我们应该理解一些生物地理学。

光合作用是植物吸收能量并将其转化为植物养分的过程，也是了解植物地理学的重要过程。光合作用发生时，二氧化碳、水和光产生氧气和糖，供植物储存和最终使用。叶绿素在这一过程中发挥了重要作用，因为它将叶子变成光受体，用于这一反应。叶子是因为叶绿素才呈现绿色。储存的糖在呼吸过程中消耗完，与氧气结合产生二氧化碳、水和能量。成熟果实的生产或者我们的目的是葡萄，与光合作用和植物呼吸有关。对于地理学研究者而言，这些过程的重要性在于它们依赖光、湿度和温度。

我们已经知道气候会因地而异，而这些差异会影响光合作用。理想条件下，植物的叶子会最大限度地产生能量；欠佳情况下，相同的叶子可能最终消耗的能量比产生的能量多。在光、热充足的条件下，叶子可能无法产生相应可用的能量，具体条件因植物而异。阳光灿烂、光照充足时，光照水平最高可能会达到10000—12000英尺烛光（foot-candles：每平方英尺内所接收的光通量为1流明时的照度）。大多数情况下，植物将无法利用所有的光；光饱和出现在3000—5000英尺烛光。同样，大多数叶子变成寄生的，消耗的能量比它们产生的要多——大约在150—200英尺烛光。植物在饱和度或饱和度以上的光照时间越长，发生的光合作用便越多。通常，植物得到的光照越少，发生的光合作用也越少。光合作用还对热量有反应，越接近80华氏度（约26.7摄氏度）越好。根据植物类型，光合作用的最佳温度在70—80华氏度（21.1—26.7摄氏度）。若是高于或低于这个范围的温度，光合作用会减弱。根据植物类型，光合作用会在100华氏度（约37.8摄氏度）以上或是50华氏度（10摄氏度）以下停止。

我们可以把植物的呼吸作用也考虑进来，从而进一步阐明光合作用和气候之间的联系。植物通过光合作用从光中产生糖，并通过呼吸作用消耗这些糖。植物在这个过程中充分利用光照能量和水分。这意味着这些过程不仅对光和温度敏感，也对气温和水分条件十分敏感。如果我们综合考虑与气候有关的光合作用和植物呼吸，我们便会得出结论：理想的生长环境包含日照周期长、温度在80华氏度（约26.7摄氏度）左右、水分充足稳定。即光合作用、植物呼吸和生物量生产方面，理想生长条件是热带雨林。然而，这对于所有植物，特别是葡萄，并不是理想的生长环境。

　　环境因素不仅影响着光合作用和植物呼吸，同样影响着植物形式或者说植物形态。在热带雨林或温室中，我们会发现植物生长的理想温度、光照和水分条件。在理想条件中，植物能供养全年不落的巨大绿叶：绿叶形大宽阔，常年青绿。这样理想的生长环境在世界大多数地方并不具备。有的地方温度过热、过冷、过暗、过燥，并不是植物生长的理想环境。随着时间的推移，植物会逐渐适应不甚理想的生长条件。有趣的是，许多适应性变化对一种气候来说都是共同的。如果一种适应对一个雨林有好处，那么它也应该对其他雨林有好处；如果一种适应对一个炎热的沙漠有好处，那么它也应该对其他沙漠有好处；这是趋同进化（convergent evolution）。相似的气候无论出现在何处（拿地中海气候举例），我们会发现在植物上呈现出相似的适应。因此，气候图和植被图相似之处颇多。

　　因环境而异的植物适应范围可谓令人惊叹。由于趋同变化，我们才会看到全球各地反复出现的一些植物适应。虽然植物物种和地区有所不同，但是出现的适应是相同的；葡萄作物和其他作物同样如此。如果环境为葡萄类型的物种提供了一个生态位，你就会在那里找到它们。这些葡萄在葡萄酒生产中可能有不同的品质，但它们的外观和味道仍然像葡萄。

在最基本的层面上，所有的葡萄都是阔叶落叶的。"落叶"一词意味着葡萄在环境压力下会落叶并进入休眠状态。虽然其他物种会因干旱而落叶，但是对于葡萄来说，落叶是因为处于寒冷环境。作为一种生存策略，落叶让植物在叶子对植物有害的时期"休息"。之后，植物可以在春天或环境改善时长出新叶。在季节性天气条件多变的气候中，这是一个优势；而在长期温暖的气候中或生长季节太短因而植物无法每年完全更换叶子的气候中，这便是一个劣势。

葡萄作物的叶大且宽阔，因此得名"阔叶"。阔叶的优势在于叶片大，有充分的条件可以发生光合作用。这也意味着一棵高大的阔叶树可以遮蔽地势较低的竞争对手。阔叶益处多多，会产生重要的作用。这也就是为什么阔叶植物在大多数环境中胜于常绿针叶树的原因。然而，阔叶并不适合极寒或极干气候。

总之，阔叶和落叶意味着葡萄并不是热带气候、极干环境、极寒环境中的理想之选。这说明热带地区、大多数沙漠地区、寒带大陆地区和所有极带气候并不适合种植葡萄。

葡萄也是果类藤蔓家族一分子。它们具有季节性特征：叶子、卷须、花朵和果实，还具有一年四季都存在的木质特征：枝条、枝干、树干和根系。在特征上，葡萄与其他藤蔓品种略有不同。它们顺藤向上攀爬获得阳光，深入土壤获取水分和养分。这些适应性是对所有阔叶落叶树种典型适应性的补充，这是葡萄在特定气候下生存和繁衍的"游戏计划"。葡萄和其他藤蔓的主要区别在于我们会利用葡萄以及改变它们。

植物的根系旨在吸收养分和水分，以支持光合作用、呼吸作用、繁殖和生长。生根模式、植物获取水分和养分的方法因物种和环境而异。葡萄家族可以建立能够深入地表以下的深厚根系，以获取水分和养分。这是对干燥环境的一种普遍流行的适应。在干燥环境中，植物必须扎根足够深才能够获取水分，例如6英尺（1.8米）或者更深。然而，生根深度有很多变化。由于大多数木本植物在根部不断饱和时生长不佳，如果土壤中的水位高，则生根深度可能会变小。土壤中非常重的黏土层，或基岩靠近地表的浅层土壤，也会限制根系渗透的深度。在沙质或含有大量砾石的粗糙土壤中，葡萄可能会扎得更深以获取水源。当然，这也取决于植物的年龄。培养一个根系需要时间、精力和资源，尤其是一个扎根深厚、发育良好的根系。因此，较老的葡萄藤往往具有更深的根系。好处是生根的深度意味着这些老藤能够更好地在干旱时期生存并获取土壤表面下深处的养分。

重要的是，要记住我们在葡萄藤中寻找的只是植物繁殖过程的一部分。对于有些植物，我们可能需要寻找宽阔的大叶；而对于有些植物，我们希望可以收获最大种子产量。我们在葡萄中寻找适合生产优质葡萄酒的水果。葡萄通过授粉和结育果实进行有性繁殖。对于植物来说，结育果实的目的是能够为种子的早期发育提供一个理想环境，这也正是人类在植物生命循环中最想操纵的一部分。与大多数其他果蔬作物（小麦、玉米、豆类、苹果等）一样，我们发现对播种过程中看似微妙的操纵会孕育出对我们有益、对植物也有益的作物。我们控制着水果的大小、数量和其他品质，以满足我们的需求。随着时间的推移，我们同样操控植物的发育，以扩大植物生长繁茂的环境范围并且帮助它们抵御疾病或害虫，久而久之，我们所做出的努力逐渐改变了植物。不过，我们的努力并没有彻底改变葡萄的地理分布。

葡萄的生命循环

植物与生存环境之间的联系不仅仅是植物是否能在既定位置生存的问题，还在于植物是否能够在同样的位置繁殖。植物能在那种环境中度过它的生命周期吗？植物发芽、落叶、开花、撒种等的时间和当地气候匹配吗？我可以在院子里种任何植物，但这并不意味着植物会在那里生存繁茂。

葡萄家族需要一段休眠期。几个月的凉爽温度才会产生一段休眠期。葡萄不需要极冷环境或极长休眠期。虽然霜冻会损坏葡萄藤的叶子、枝条、茎，但是接近零度的低温会损坏植物的木质部分。极寒温度足以充分杀死植物。葡萄酒商允许多根茎同时生长以适应低温可能带来的冻伤。如果有一枝茎遭受低温冻伤或霜冻冻伤，那么便可以将这枝茎修剪掉，让其他枝茎继续生长发育。除了休眠的几个月，光合作用和植物呼吸作用决定了一年中剩下的时间必须都是阳光明媚、温度在80华氏度（约26.7摄氏度）左右。

假设植物在冬季存活下来，日平均温度超过50华氏度（10摄氏度）时，我们会看到植物苞蕾开始萌芽。理想状态下，光合作用会在萌芽后几周达到高峰。到那时，植物的叶子已经完全张开，开始工作了。根据天气的具体情况，花蕾会在萌芽后大约一个半月或两个月内开花。在此期间，植物容易受到晚霜的影响；晚霜会损坏正在发育的叶子和花朵。开花期间，植物也容易受到大雨和冰雹的损害。即使没有大雨和冰雹，一些花朵也不会结育果实，很自然地凋谢、从植物上脱落。花朵凋谢减少了每串葡萄的总数，简化了剩余葡萄的成熟过程。破坏性的天气会增加花朵凋谢，每束的数量会显著减少；不会凋谢的花朵会结育果实。因此，葡萄类型中每束的形状和大小并不相同，但是发育的过程是相同的。

第一个未成熟浆果在花朵凋谢后一周左右成熟。从那时起，葡萄将成熟，葡萄上的绿色会慢慢消退。葡萄中的糖分增加，酸度降低。糖分的增加最终会在发酵过程中发挥作用。不过在此之前，糖分增加会使葡萄吸引害虫、感染疾病和吸引鸟类。随着葡萄的成熟，葡萄对这些问题的易感性也会增加。湿度高也是一个问题，因为这会导致成熟和过熟的葡萄出现真菌。葡萄也可能在成熟过程中掉落丢失。如果周边环境十分炎热干燥，那么成熟的葡萄会被晒干，变成葡萄干。

在谈论葡萄生命周期的各个阶段的日期时需要小心，因为不同葡萄品种的日期会有所不同；葡萄偏好生长的天气也会因品种而异。这实际上是一件好事，因为这说明了为什么一些品种在既定位置要比其他品种生长得好，这是葡萄地理学的基础。

葡萄的生命周期与地中海气候和西海岸海洋气候紧密相关。植物需要一段休眠期，之后会进入漫长的温暖生长季节，这两者都与地中海气候和西海岸海洋气候一致。植物需要春雨和初夏的雨水来发育最初的叶子和葡萄，并且需要长时间成熟，才会保证优质葡萄酒的质地。这些与地中海和西海岸海洋气候一致。此外，这些气候等级内冬季凉爽的温度不会低至造成霜冻损害或植物损失。气候温度使地中海气候和西海岸海洋气候有利于酿酒，而其他气候类型不适合酿酒，这带我们回到第三章中所做的假设，并且为我们提供了当前的世界葡萄酒生产图。

如果我们用葡萄酒地图更详细地观察葡萄酒生产，我们会发现个别葡萄品种的不同地理模式。随着气候变暖，红葡萄品种中，会从黑比诺过渡到梅洛，再到赤霞珠，最后到西拉（Syrah）；白葡萄品种中，会从西万尼过渡到雷司令，再到霞多丽，再到长相思（sauvignon blanc）和灰比诺（pinot grigio）。这种模式并不绝对。即使环境完全相同，也会存在有利于某种类型葡萄的社会偏好和适销性问题。一些鲜为人知的葡萄品种对特定的葡萄酒产区十分重要。这是葡萄酒之谜和地理之谜，乐趣便在于破解谜团。

卢瓦尔河谷

"风土"远远超出了一个地方环境。"风土"与农产品生产区域差异密不可分。两个地区的自然风光存在差异，因此农产品以及不同食物和葡萄酒总会存在一些差异。慢慢地，地区存在的差异会成为区域美食的焦点，融入当地文化。因此，始于自然环境中的微小差异会逐渐成为构成当地居民文化特征的一大优势。这种差异使各地区有其鲜明的特色，因此法国不同地方的美食也卓具风味。差异成为各地区特征的一部分。

　　法国西北部的卢瓦尔河谷（Loire Valley）是研究"风土"和葡萄生物地理学的好地方。这个地区自然环境差异十分显著。在卢瓦尔河谷源头，卢瓦尔河及其支流位于法国中央高原的山脚下，处于地中海气候区北部边缘的环境中。顺流而下时，山谷逐渐开阔，进入到一片宽阔的平原，冲积土壤深厚肥沃。这使我们更接近大西洋，进入西海岸海洋气候区。我们逐渐进入了法国的农业中心地带。山谷中城堡古韵深厚、靠近巴黎，河谷下游便到了法国一个最著名的旅游景点。

　　卢瓦尔河谷面积广且具有多样性，在这样的地方讨论"风土"，仅"风土"这个主题就可以写一整本书，因此，关键在于如何限制讨论范围。在此我们将视角放在三个地方（出于个人原因我选择了这三个地区）：从桑塞尔（Sancerre）上游开始，到都兰（Touraine），最后是南特（Nantes）。我喜欢桑塞尔，更喜欢这里酿的葡萄酒，所以做这个选择非常简单。都兰非常适合骑自行车开启葡萄酒之旅，有各种各样的酿酒厂和各种历史遗迹，且地形平坦，便于观光。南特将葡萄酒与当地美食相连，讨论起来更有气氛。

　　桑塞尔位于卢瓦尔河源头附近的山地。这是一个由山顶城镇和美丽景色组成的秀美村庄。与一些葡萄酒产区不同，桑塞尔并非只栽培葡萄，同样也是混合农业的多产地区。桑塞尔不仅种植葡萄，也有牛、羊、大豆和谷物。葡萄园在许多朝南向阳的山坡上。在略微下游的山谷中，河流沉积了丰富的冲积土壤，这种土壤非常适合农作物的生长，当然葡萄除外。然而，山上风化的石灰岩为葡萄提供了真正有用的资源。从山坡葡萄园流出的雨水有助于焙干土壤，使土壤更适合葡萄生长。由于桑塞尔位于内陆且海拔高于下游地区，与下游地区相比，桑塞尔天气更加凉爽，大陆性更强。景观的多样性使得桑塞尔成为观察生物地理学，以及观察植物、微气候、土壤和地形之间相互联系的好地方。这也正是我喜欢桑塞尔的原因。

桑塞尔环境的多样性意味着那里可以种植许多不同种类的葡萄。黑比诺和其他葡萄酒可能在桑塞尔生产，但适合桑塞尔环境的理想葡萄是长相思。长相思葡萄起源于该地区，因此很好地适应当地的气候和土壤条件。桑塞尔位于连接卢瓦尔河和塞纳河的布里亚尔运河（Briare Canal）的上游，将卢瓦尔河和巴黎的葡萄酒商店联系在一起。鉴于这种联系，桑塞尔的大多数葡萄酒消费长久以来只局限于当地。他们确实出口葡萄酒，但数量不多。因此，你可能在葡萄酒商店里见不到太多这种葡萄酒。如果你喜欢长相思葡萄（这是桑塞尔主要的出口葡萄酒），那么花点力气和额外的费用去尝试一下他们的葡萄酒是值得的。

桑塞尔下游是都兰，在那里我们发现了一个与众不同的葡萄种植环境。大多数参观卢瓦尔河谷的人最终都会去过或经过都兰，因为这里有着卓负盛名、游客众多的城堡。对于生物地理学的讨论，都兰葡萄园值得一观。它与河流相通，这一点与桑塞尔非常不同。桑塞尔的葡萄园坐落于附近的山丘上，都兰的葡萄园位于与卢瓦尔河及其支流平行的斜坡上。远离河流的深层土壤非常适合种植小麦、向日葵、牲畜和蔬菜。在河流泛滥的平原地区，淤泥和富含黏土的冲积土通常过于潮湿，不适合葡萄栽培。但在斜坡上，我们可以俯瞰因侵蚀而暴露的泛滥平原石灰岩层，这为葡萄园提供肥沃的土壤。都兰葡萄园比桑塞尔葡萄园高度低约500英尺（约152.4米），距大西洋仅约70英里（约112千米）。连同地质差异，这些因素使都兰拥有不同于桑塞尔的风土。因此，都兰的葡萄酒生产是基于白诗南（chenin blanc）、佳美（gamay）和品丽珠。一个原因是当地的气候和土壤非常适合种植这些葡萄，而不是长相思葡萄；另一个原因是文化。这些葡萄长久以来在该地区种植，尽管该地区也可以生产其他葡萄，但是当酿制葡萄酒的各种传统成为一个地区文化和特征时，便很难改变。

沿着卢瓦尔河，河流汇入大西洋之前的最后一站是港口城市——南特。就葡萄酒而言，南特有着一段有趣的历史。南特作为距离酿酒厂最近的港口城市，是出口英国和荷兰的重要市场。更重要的是，南特进入法国其他地方的葡萄酒市场需要将葡萄酒向上游运输，距离较远，成本会增加，因而向海外销售葡萄酒便成为南特酿酒厂的一个佳选。

南特靠近大西洋意味着南特具有独特的海洋性气候。虽然南特距都兰和桑塞尔不远，但是这个地区的葡萄种植环境却大不相同。从地质上讲，南特周围地区是一个古老的沿海平原，被许多小河流一分为二。几乎在大西洋范围内生产葡萄酒，意味着南特的气候受海洋控制，海洋温度适中并延长了葡萄的生长季节。

南特的物理环境与南部波尔多的物理环境并没有什么不同。因此，人们可能会认为南特和波尔多一样，是赤霞珠葡萄生长的主要地点。但事实并非如此。对我们来说，看似微不足道的差异对植物而言可能非常重要。虽然南特在气候上和地质上可能与其周围地区相似，但差异在于它的"风土"条件截然不同，这种

"风土"适合用于酿造密斯卡岱白葡萄酒（muscadet）的勃艮第香瓜葡萄（Melon de Bourgogne，一种主导该地区生产的果味白葡萄酒）。南特周围葡萄酒"风土"的名字中经常会出现密斯卡岱这个词，说明葡萄与其"风土"之间的联系。

南特、都兰和桑塞尔只是卢瓦尔河谷内的几个葡萄酒产区。由于山谷内气候、地形和土壤的变化，从卢瓦河在中央山丘（Massif Central）的源头到它在大西洋的出口，卢瓦尔都是一个观察"风土"和其生产的葡萄之间联系的好地方。我们可以直接从山谷地区里酿制的葡萄酒中品尝出这些关联。

第七章　葡萄栽培，农业地理和自然灾害

　　我们学习葡萄栽培，实际上是学习农业；反之亦然。举个例子，当我们走过一个精心照料的葡萄园时，我们多多少少在学习

种植大豆；这或许很难想象，但情况的确如此。

对于我们这些只会种植人造圣诞树的人来说，不用担心。看看地理及它与农业和葡萄栽培的联系，你不需要种植任何东西。相反，我们着眼于气候、土壤、经济、文化习俗和偏好以及大量历史的相互作用，以便理解农业的模式。这一切的目的不是让人成为一个农民。了解农业将有助于阐释为什么你最喜欢的葡萄酒会产自某些特定地区。气候和土壤知识为我们提供部分答案，而农业则帮我们解决了其余的问题。

农业地理

要想了解地理和葡萄栽培或者农业，我们需要从德国北部开始讲起。这可能有点奇怪，因为德国北部并不是知名的葡萄栽培区域。然而，现代农业地理研究正是在19世纪中期起源于德国北部。研究发起人是约翰·冯·杜能（Johann von Thunen），他并没有研究葡萄酒。恰恰相反，他对土地质地相同却进行不同的农业生产而感到困惑。这虽然是一项简单的首次研究，但是他的工作构成了现今农业地理学的基础。

冯·杜能在工作中发现农业用地的用途是多种多样的。市场附近，农业密集。靠近市场，到市场的运输成本低，因此附近土地非常抢手，价格昂贵。为了弥补增加的成本，农民将尽其所能提高每英亩产出的高价值作物。他们集约利用土地，重点种植极易腐烂的作物，如生菜、西红柿和辣椒。如果一种作物变质较快，那么我们就不希望离市场太远。

　　冯·杜能工作背后的基本假设为农业是一项营利性事业，这是社会科学中常见的"经济学假设"。它假设人们在经济上理性行事，并拥有做出合理经济决策所需的所有信息。这种假设对葡萄栽培可能适用，也可能不适用。许多人将葡萄酒生产视为一项营利性投资，也有些人将其视为一项"趣味"营利性事业，还有人仅仅视其为一种爱好。除非当地的酒商财力雄厚，纯粹将生产葡萄酒作为一种爱好，否则就会有一些经济合理性在起作用。因此，即使有一点"趣味"，依然需要利用冯·杜能的大量社会科学。

　　冯·杜能的工作成果是认识到地理与农业之间存在着非常密切的关系。首先，不同的地理位置有不同的气候、土壤和地形条件。这将对在给定位置可以生产的产品产生影响；其次，土地成本、运输成本和产品的市场价值将影响在该位置种植何种作物可以营利；第三，文化和历史将决定人们有什么知识和设施来生产。从某种意义上讲，冯·杜能提出了一个清除过程。拿走存在的每一种食物，消除那些在既定地点无法生产的农产品，然后去掉那些在该地点生产无法获利的产品，之后再去掉人们不具备生产知识或设施生产的作物。剩下的就是当地农民必须从中做出选择的作物范围。在经济理性世界中，农民会从种植单中选择利润最高的作物。

　　冯·杜能的工作引出了一些问题：基于环境，我们可以在哪里生产酿酒葡萄？考虑到土地和运输成本，葡萄酒生产会营利吗？酿酒葡萄是利润最高的潜在作物吗？农民是否拥有生产葡萄酒所需的知识、经验和设备？我们可以在葡萄酒图上看到这些问题的答案。对于葡萄酒图上的每个葡萄酒产区，上述每个问题的答案都是肯定的。

　　食物的生产方式和生产者因社会而异。有些社会的粮食生产采用自给农业的形式。几乎每个人都会生产粮食，生产粮食是为了自己的消费。成功的农民可能会生产出可以交易的剩余粮食。许多类型的农作物都是通过自给农业生产的，但当地商店的葡萄酒不会以这种方式生产。

　　酿酒发生在自给农业被商业农业取代的时候。商业农业是以便于易货和销售的粮食生产。在商业农业中，我们生产单一作物或关联作物。我们投资生产这些作物的机器和设施，并在公开市场上出售。商业农业中常见的专业化可能会导致单一栽培；在自给农业中，除非人们真的喜欢只吃玉米，否则我们不会找到数百平方英里完全种植玉米的农田。然而，在商业农业中，我们会发现单一栽培的作物。当我们谈论冯·杜能的成果时，我们谈论的是商业农业。

　　在我们向冯·杜能和19世纪中期的农业地理致敬的同时，需要注意的是，还有很多新的问题需要考虑。冯·杜能一生中，不同农业地区的劳动力成本几乎没有变化。农业机械化已经彻底改变了整个行业，今天，我们能够比冯·杜能时代更快速、更便宜地运输农作物，还可以运输更多食物，并将其储存起来，使食物能够在运输过程中保存完好。总之，这些改变了农业并改变了农业地理。这意味着冯·杜能时代的葡萄酒产区图与我们今天看到的十分不同，这种变化见证了商业农业从小型家庭农业发展为成熟的工业企业。农场劳动力不再由家庭群体主导。研发部门就作物决议向管理层提出建议。律师是农业集团的代言人，这些集团只能通过公司的标志来识别。虽然这种变化在发达国家最为明显，但在发展中国家也出现了明显的趋势。

更加工业化生产形式的优势在于专业化和资源利用。虽然家庭农场也可以专业化，但大公司的专业化程度是大多数家庭农场所无法媲美的。企业财力更加雄厚，可以购置最先进的农业机械设备，聘请业内最优秀的人才。企业可以与许多农场共享资源，提高资源使用效率。因此，企业生产者比个体农场主更有优势。即使个体农场主加入合作社以对抗农业产业化，且农业合作社也是一种有效的竞争策略，但是农业合作社并没有被证明是家庭农场的救星。

新型商业农业的经济基础在于使用有限的劳动力生产大量粮食，而这意味着农业工业化社会的农民会减少。非农业从事者参与制造业活动或参与信息和服务经济业。这些经济活动从相同数量的人力劳动中创造更多价值，称之为"附加值"。制造业的附加值超过了农业的附加值，而信息和服务活动的附加值又超过了制造业的附加值。久而久之，主要经济活动由农业转变到制造业，再由制造业转变到服务和信息经济。在美国，这种转变意味着参与粮食生产的劳动力越来越少。从经济上讲，这会带来好处。工业化农业已经不需要大量劳动力，这意味着那些自称农民的人会将工业化农业视为商业。

冯·杜能可能没有想到现代农业的另一个变化是政府参与到农业生产中来。在国家层面上讲，政府将农业视为一种营利性项目并支持农业产业，还可以利用农业以保障公民粮食生产。这是粮食净进口国的常见做法。然而，粮食生产并不是政府参与葡萄栽培的原因。政府干预葡萄栽培是为了保护当地经济。由于葡萄栽培和酿酒对许多人具有重大的文化意义，因此政府监管和监督也可能是保护国家遗产和人民生活方式的一种手段。

地方政府也可能对农业产生了重大影响。许多国家将土地使用控制权和财产税移交给当地政府，赋予了当地政府很大的权力。它还创造了一个相当复杂的政治环境，管辖交叠，其中一个级别的决策可能与另一级别的决策背道而驰。每一个决定都可能对允许种植哪类作物、如何种植作物以及哪些作物经济效益最大而产生重大影响。换而言之，政府会影响冯·杜能提出的问题答案。因此，政府参与是农业地理学中非常重要的"万能牌"。

在葡萄栽培和葡萄酒领域，政府干预可能相当广泛。有关案例研究，请参看欧盟。在欧盟，关于葡萄酒的政治问题已经目不暇接，因此如何确定葡萄酒产区之类的问题已经成为重要的国际问题。葡萄酒的政治兴趣通常是来源于经济问题或文化问题。个别国家可能是欧洲统一体中的一员，但是每个国家仍然关注自己国家的利益。如果对农业法规感兴趣，建议阅读欧盟关于葡萄酒和葡萄栽培制定的法规。

如果我们了解地理的基础知识以及地理与农业的联系，那么我们就可以继续了解地理与葡萄栽培联系中的种种细节。葡萄栽培是一种什么样的农业？葡萄栽培关系到一种对天气和气候条件非常敏感的作物，并且是一种很容易死亡的作物。葡萄一直很难生产和运输，因此葡萄栽培是一种历史上地理分布有限的农业形式。也就是说，葡萄的生长形式使葡萄栽培可以在不适合其他农业形式的地区进行。葡萄是一种可生产高价值作物的商业农业形式，高价值作物会通过加工继续增值，并且受益于专业化。葡萄栽培固定成本高昂，需要长期的投资策略。劳动力对于葡萄栽培领域、葡萄酒生产和葡萄酒支持活动中的熟练工匠至关重要。与大多数农业形式一样，每一季的葡萄栽培的利润因作物质量而异。葡萄栽培与环境之间的紧密联系使葡萄栽培与特定的地方和文化息息相关。因此，这也赋予了葡萄栽培一个其他农业活动所没有的地位。葡萄酒生产作为一种文化元素，给予葡萄栽培以政府性保护。

虽然葡萄栽培有优点，但也有一些非常明显的缺点。葡萄酒之所以是高价值产品，因为葡萄酒的生产成本相当高，部分是因为劳动力成本高。虽然可以利用机械化降低劳动力成本，但是在某些地方和葡萄生产类型（回想一下摩泽尔河谷的葡萄园）中，机械化是派不上用场的，而可以机械化的产地仍然需要大量劳动力。基于葡萄栽培成本高昂、劳动力密集这一事实，情况愈发糟糕，世界上的葡萄酒生产国在平均劳动成本之中位居榜首。

地方和产品之间的公认联系在葡萄栽培中产生了一个有趣的问题。我犹豫是否将其认定为一个问题，因为它只涉及一些酒商；对于其他人来说，这是一个优势。与文化的联系会产生浓厚的沙文主义。我们通常不在乎我们吃的玉米、豆类或西红柿产自哪里，我们在乎的是它们是否新鲜。而葡萄和葡萄酒则不是这样。对葡萄酒而言，地理位置至关重要。这意味着边缘化或鲜为人知的葡萄酒产区的杰出葡萄酒商正处于不利地位。与此同时，来自知名葡萄酒产区的边缘葡萄酒酒商仅凭产区的知名度，便在经营中占据了竞争优势。

在对葡萄、葡萄酒和农业的讨论中，我们需要记住，葡萄并不仅仅产葡萄酒。葡萄栽培可以同样轻松地生产鲜食葡萄和葡萄汁。本着冯·杜能的精神，我们需要问问自己：出售鲜食葡萄或果汁更加容易，为什么还要费心生产葡萄酒呢？

在这方面，葡萄栽培和其他形式的农业一样，决定种植或饲养什么只是过程的一部分。我们养奶牛是为了牛奶、黄油、奶酪还是牛肉呢？我们种植玉米是为了自己食用还是饲养牲畜呢？我们种植葡萄是为了酿酒、榨汁还是自己食用呢？我们可以通过冯·杜能来回答这些问题。首先，我们的环境能生产什么？如果这没有提供答案，那么问题就变成了：什么选择能带来利润？如果这还是没提供答案，那么我们有哪些生产所需的设备和知识呢？毕竟，生产优质牛奶的奶牛不一定能生产好的牛排。乳制品业需要的设备与牧场或饲养场里所需要的设备截然不同，所涉及的劳动力自然也不同。

现在，如果所有备选方案的答案都相同，我们将如何决定生产鲜食葡萄、葡萄汁还是葡萄酒呢？如果所有其他条件都相同，那么决定就会取决于哪种产品会为我们的投资带来最佳回报。生产鲜食葡萄、葡萄汁和葡萄酒需要相同的工作量才能使葡萄园投入运营。这三者中，葡萄酒的采后成本最高。那么，为什么要生产葡萄酒呢？虽然葡萄酒成本最高，它产生的回报收益也最高。综合考虑所有因素，葡萄酒往往是最好的投资选择。生产一加仑葡萄酒和一加仑葡萄汁所需的果汁一样多。然而，一加仑葡萄酒会明显带来更高的收益。同样，对比一串葡萄的销售价值和用这些葡萄酿造的葡萄酒价值，葡萄酒带来的收益更高。

可能更好的问题是：我们为什么不生产葡萄酒呢？部分答案是来自经济学。果汁和鲜食葡萄是有市场的。如果可以赚钱，就会有人生产果汁和鲜食葡萄。这个问题还有一个地理答案。生产鲜食葡萄和葡萄汁的葡萄品种可以与酿酒中使用的葡萄品种不同。某些情况下，这些葡萄品种可以在葡萄酒使用的葡萄品种种植出现问题的地区蓬勃成长。人们会选择生产果汁或鲜食葡萄而不是葡萄酒，或许还有一个文化答案。我们会在后面的章节详细讨论。

葡萄的另一个用途是生产乙醇。不可否认，用葡萄生产乙醇并不是理想选择。任何淀粉或糖都可以用来生产乙醇，为什么要浪费上乘的葡萄去生产乙醇呢？从盈利的角度来看，生产葡萄酒、果汁或鲜食葡萄会更好。尽管如此，如果我们不能把葡萄卖出去，那么乙醇是一种选择。然而，采摘优质葡萄并且将其降解为汽车燃料并不是最浪漫的选择。

正如葡萄酒的生产有很多地理因素一样，酿制葡萄酒的葡萄种植、管理和收获方式也有很多地理因素。对于非常了解葡萄园的人来说，一张葡萄园照片可能足以让其知道该葡萄园的地理位置。这是因为种植模式、葡萄藤的维护和修剪方式以及使用的材料和机械会因地而异。事实上，一些葡萄栽培实践和不同位置生产的葡萄酒一样，与位置紧密相连。因此，一张葡萄藤长在杆子或树之间的照片可能足以确定这是一个葡萄牙葡萄园。

劳动力成本高的国家，无论何时何地，只要有可能，都要使用机械化。拖拉机和其他设备可能非常昂贵，然而，如果考虑到拖拉机和其他设备所取代的劳动力数量和所耗成本，那么价格冲击就没那么严重了。机械的使用决定葡萄园的修剪方法、棚架、种植和整体外观。在一个机械化葡萄园中，通常基于拖拉机轮距来种植，用机器给葡萄藤做格架和修剪。

机械化的优势在于机器能够降低成本，缺陷在于机械化会改变葡萄栽培的当地特色。制造商按照通用标准制造设备，每一个使用这种机器的葡萄酒商都将从事同样的种植、修剪和棚架的工作。所以，机械化葡萄园可能看起来都一样。照片背景的建筑物是我们能够从照片上识别出葡萄园所在地的唯一方法。然而，无论在哪里，都有数量惊人的酒庄最终看起来像法国的城堡或西班牙的庄园，有时这反倒让葡萄园没有了特点。

机械化并没有遍及所有的葡萄园。机械化生产在陡峭山坡的葡萄园无法使用。还有一些地方的劳动力成本很低，机械化既没有必要也没有利润。这对于地理学研究者和葡萄酒爱好者而言着实是一件好事。因为在这些地区，我们仍然可以看到历史和文化对葡萄栽培实践所产生的影响。事实是，许多不同的种植、棚架和葡萄藤管理系统都可以生产出优质葡萄。人们最终使用的是他们长久以来一直使用的相同系统。他们知道该怎么做，对于这种方法也是信手拈来。如果这种方式有效，那为什么要改变它。如果没有机械化，葡萄酒景观会各不相同。地理学研究者喜欢看到这一点，因为葡萄酒景观的差异促使我们不断去理解这些差异，并且解释差异出现的原因。

自然灾害与葡萄栽培

葡萄栽培不仅关于如何种植作物，还涉及如何解决问题。那些无法让室内植物生存的人，或者被迫购买塑料植物替代植物的人，或许已经十分清楚这一事实。葡萄酒商是农民。与其他农民一样，他们的生计面临来自天气、生物和经济的多种威胁。葡萄酒行业是一个艰难的行业，并不是所有的葡萄酒商和酿酒厂都能成功地酿制葡萄酒。我们可能不会将酿酒厂和葡萄园与查尔斯·达尔文联系起来，但它们是关联的。我们实际上讨论的是一个选择（尽管不是自然选择）和适者生存的过程。葡萄酒酒商要想成功酿制葡萄酒并生存下去，需要能够适应生活中的各种问题。

与物种进化一样，环境的变化对生存有着重大影响。环境中的自然、经济、社会变化会为一些人带来危害，同时也会给另一些人带来机会。毕竟，危机中有很大的潜在利润。一个人的危机可能是另一个人的意外之财。久而久之，周期性灾害在重塑葡萄酒生产景观中发挥了重要作用。

以一个极其寒冷的冬天为例。天气寒冷导致许多葡萄藤遭受损失和设备损坏。在接下来的一年，在重新种植的葡萄投入生产前，损坏的成本非常大，可能会使一些处于收益边缘的酿酒商破产。土地在，葡萄藤也在；缺失的是将所有部分重新组合在一起的资金。对于经济状况尚佳的生产商来说，失去竞争可能意味着他们会对产品定价更高。生产的葡萄减少，并不说明葡萄的需求减少，反而说明现有葡萄会消耗更多成本（每当石油出口减少时，欧佩克都会模拟这一过程）。这使得资金丰厚的生产商能够"弥补"自己的损失。如果拥有足够的资源，一些生产者甚至可以从损害中受益。他们收购因冬季寒冷遭受损失、破产的葡萄园，扩大其持有的葡萄园土地。植物的死亡也可能让生产者有机会或有借口重新种植新品种，以提高其葡萄产品的质量或数量。在当地，结果是实力最强的生产商拥有的土地增加了。在受寒冷影响的地区之外，失去竞争和更高的价格可以增加利润。凭借这些利润，葡萄酒商可以将生产扩大到新领域、重新种植田地或改善设施。结果便是生产面积更大、产量更多，产品质量可能更好。

有些灾害发生的频率非常高，我们甚至会预设灾害并为预防灾害做好计划。我们知道有些地区很容易发生洪水，在这类地区，人们会选择种植草皮，因为草不受偶发洪水的影响；或者建造堤坝以防止洪水泛滥。在有些地区，早期结冰是常见问题，我们可以尝试预防寒冷（就像我们在气候章节中讨论的那样），或者找创造性的方法解决问题，同时还能获得利润。如果不能防止早霜并且愿意忍受早霜问题，一个可行的选择是酿造冰酒，即冰葡萄酒（eiswein）。这个选择便像"如果生活给你柠檬，把它做成柠檬水"。冰酒是用整个冬天存留在葡萄藤上的葡萄制成的。葡萄不断冷冻和解冻浓缩了糖分，产出的葡萄酒十分香甜。这是一种劳动密集型的选择，葡萄酒的产量十分有限。与其他高成本农业形式一样，如果市场有需求，更高的定价可以抵消额外成本。这方面，葡萄酒市场不断变化的偏好并不有利于冰酒的销售。现在的甜葡萄酒市场已经今非昔比。换言之，葡萄酒市场正在扩张。如果葡萄酒如衣服，那么什么都不会过时太久。

葡萄酒商面临的环境危害并非都与天气相关。动物可能会带来威胁——与我们一样，动物也喜欢吃葡萄。鸟类、啮齿动物和鹿确实可以吃酒商的庄稼（葡萄）。拦网、高栅栏或几只猫通常可解决这个问题。成本更高、更加棘手的问题是疾病，植物病害可以摧毁葡萄作物或葡萄藤本身。因此，出现了很多关于植物病害和葡萄的文章。就我们的目的而言，我们不需要涉猎文献。事实上，我们不需要比镜子看得更远，因为理解植物病害所涉及的地理概念与影响我们的疾病并没有什么不同。

表面上看，影响当地葡萄酒酒商庄稼病害与水痘病例之间似乎没有太多联系，但相关联系确实存在。地理学研究者不研究疾病如何影响植物、疾病死亡率或如何治愈植物病害，他们研究疾病的地理分布、疾病的发生地点以及疾病的传播。在这方面，所有类型的疾病都有很多共同之处。有些疾病与环境密切相关，是"地方性"特点。有些疾病传播更自由，传播机制和传播途径更易于理解，是"流行病"。任何一种情况下，地理学研究者感兴趣的是由此产生的模式和途径。如果你感冒了，你可能不会去找地理学研究者；但如果想了解艾滋病传播的模式或为什么某类癌症在一个地方比在另一个地方更常见，你可能会去询问地理学研究者。

地方性疾病与特定环境有关，这意味着我们在具有特定环境条件的地方发现了这种疾病。这与流行病并不相同，流行病是一种与地方无关的疾病暴发，甚至一些遗传疾病也会受到环境影响，从而产生不同的模式。一种疾病是否是一个地方专属的地方病，通常取决于该疾病是否是"媒介"。媒介疾病是由中间人或携带者传播疾病，这点从疟疾便略知一二。疟疾发现于热带地区，因为热带地区有疾病传播媒介。非媒介疾病不需要携带者，在人与人之间传播，几乎任何地方都会有这种疾病。流感便是如此。

葡萄藤和疾病的问题在于，所有葡萄酒产区的环境都十分相似。当地环境可能存在些许差异，但是大多数葡萄酒产区有很多相似之处。因此，在一个葡萄酒产区存活的病媒也可能在其他产区存活，在某个葡萄酒产区流行的疾病可能最终会传播到所有葡萄酒产区。

葡萄繁殖过程也会影响疾病的传播。与其他作物不同，葡萄通常不以种子的形式种植。葡萄可以种子种植，但通常是通过无性繁殖产生。葡萄植株的插条被嫁接到现有的砧木上，加快了再生过程，为酿酒商提供了极大的灵活性，因为种子在葡萄果实中如此操作可以在压榨过程中减少种子损失。从疾病角度上，问题在于稍加不慎，插条和砧木可能携带疾病；运输时会最终成为疾病的载体。这也是当地政府要求参观者不要带走任何农产品的原因。

真菌可能不是一种疾病，但是可以将疾病与真菌类比。真菌是许多作物的头等敌人。白粉病尤其让我头疼，多年以来，它一直是我菜园的宿敌。顾名思义，白粉病是一种在植物叶子和茎上形成的精细白粉的疾病。它看起来像一层糖粉，但却会带来灾难性的后果。看见白粉的时候，很简单把它弹掉就行，但是你的花园可能已经一去不复返了。

白粉病是疾病地理中一个有趣的例子。从严格意义上讲，虽然白粉病不是疾病，但是白粉病的种种症状更像是一种疾病。白粉病不传染，它直接传播。19世纪初期，白粉病像流行病一样在世界许多葡萄园传播。对地理学研究者而言，白粉病很有趣，因为当我们想弄清楚白粉病是如何在不同葡萄酒产区传播以及源于何处时，它总是给我们出难题。白粉病证明人们似乎是罪魁祸首的众例之一。白粉病和其他植物害虫随着藤蔓嫁接而蔓延、迅速传播的这一事实强烈表明，我们是受污染嫁接作物的载体，并且是疾病传播的根本原因。

　　如果想弄清楚像白粉病这样的真菌源自何处，我们需要查尔斯·达尔文的帮助。达尔文告诉我们，植物和动物会适应环境中的威胁；无法适应的动植物则无法生存。这可以为我们提供线索，方便我们找到白粉病等危害的来源。白粉病往往会对欧洲的酿酒葡萄产生巨大影响，但对北美本土的葡萄藤影响较小。如果达尔文是对的，那么建议白粉病来自北美。

　　我们从人类疾病中吸取的一个重要教训是，并非所有疾病都是有害的；其中一些可以帮助我们。例如，一种疾病可以作为对抗另一种疾病的接种过程的一部分，或者用来生产各种药物。灰霉病菌是白粉病的一个远亲。灰霉病不同于白粉病，它不会杀死宿主，只会影响果实。在我们考虑灰霉病影响果实的具体方式之前，这似乎是一个大问题。如果任其发展，灰霉病最终会使所有葡萄干瘪、灰尘遍布。然而，这种情况只有在我们让真菌完全自生自灭的情况下才会发生。一定程度上，灰霉病会改变果实的化学成分并且水分不足，这些变化会影响葡萄酒成品的味道和外观。

　　要处理灰霉病菌，需要采取一种不同于大多数现代葡萄园采取的策略。葡萄酒商无法利用最新的农业设备降低劳动力成本，生产出大量价格适中的葡萄酒。苏特恩（Sauterne）在这一点上尤为突出。苏特恩是波尔多的一个小地方，已经成为酿制灰霉病葡萄酒的代名词。该地时常出现的雾气为灰霉病的生长创造了理想的小气候，苏特恩的酒商已经适应了灰霉病造成的问题。酿酒商经过多次手工采摘，采摘出受灰霉病影响不大的葡萄，这无疑会增加成本；葡萄缺乏水分会降低每英亩土地的葡萄酒产量。这些因素叠加使苏玳的生产成本非常高昂，所以，苏玳的一级酒庄滴金酒庄（Château D'Yqem）酿制的葡萄酒味虽美但价也高。虽然葡萄孢菌可能并不适合所有人，但是一些情况下对特定种类的葡萄酒生产会有益。

影响葡萄酒商最严重的生物威胁可能要数根瘤蚜。根瘤蚜之于葡萄藤就好比瘟疫之于17世纪的欧洲人，是一种灾害。根瘤蚜是一种小虫子，会侵入葡萄藤的根茎，最终致使植物死亡。根瘤蚜生活在土壤中，易受到土壤条件的影响，可它并不喜欢一些土壤，洪水淹过的土壤也给它带来麻烦。直到19世纪，隔绝防止了传播。交通的改善却带来了副作用——根瘤蚜能够在运输中生存下来并且能够在葡萄藤根茎中传播。结果19世纪中晚期出现了足以摧毁葡萄酒生产的世界性流行病，依旧影响着现今的葡萄酒产业。

现今，科学和技术手段可以解决诸如根瘤蚜等的生物威胁。百年前的状况却大不相同。只有在显微镜下，才会观察到根瘤蚜。另外一个问题在于受到影响的葡萄藤并不会立即死亡。如果立即死亡，至少会提供一些问题发展方向的线索。葡萄酒商对抗的是一种隐形敌人，当葡萄酒商最终明白相应症状时，已经为时过晚。技术的发展帮助我们更好地应对根瘤蚜。过去对抗根瘤蚜的方法会产生严重的副作用——淹没葡萄园杀死根瘤蚜的适应性十分有限；早期的化学方法对使用者造成的危害与根瘤蚜造成的危害几乎相同。唯一可行的办法是用美国砧木嫁接，这暗示了它的起源，也是问题的一部分——过去用来对抗根瘤蚜的砧木可能反倒促进了根瘤蚜的传播。

　　与上面描述的天气危害的假设例子相同，根瘤蚜带来的经济影响也十分显著。根瘤蚜造成的损害以及高昂的解决方案成本迫使小型生产商出局，转向生产其他作物，葡萄园面积减少。不仅如此，葡萄酒产业造成的失业导致葡萄酒产区的移民潮。这在当时是一场真正的人间悲剧。有句谚语说得好，时间会治愈一切伤痛。许多离开去寻找更好生活的人最终在世界其他地方过上了更好的生活。他们带着自己的看家本事，做着他们擅长的事情——酿制葡萄酒。这是葡萄酒历史的一部分，也是葡萄栽培的传播，这意味着当地酒商的家谱中会有一点根瘤蚜的历史（抱歉，我无法抗拒）。

加利福尼亚州

　　加利福尼亚州是葡萄酒的代名词。加利福尼亚州葡萄酒的生产始于西班牙传教时代。现如今，葡萄酒已经成为加利福尼亚州最具经济效益的农作物。加利福尼亚州的环境在某种程度上造就了其优质葡萄酒。每个河谷似乎为葡萄酒酒商提供了不同的气候、地貌和土壤。鉴于这种多样性，我们可以找到适合各种酿酒葡萄品种的风土条件。事实上，在距离旧金山湾相对较短的车程内，有如此多不同的葡萄酒产区，这为研究和每周数千名对葡萄酒感兴趣的游客涌入该地区提供了方便。

　　如果我们玩一个关于"加利福尼亚"的词语联想游戏，有些人可能想到温暖的天气、棕榈树、太平洋日落、地震和冲浪，而这些人往往不是品葡萄酒的人。人们对于南加州及其文化的刻板印象是基于洛杉矶盆地和圣地亚哥。更熟悉北加州的人更可能想到马克·吐温的一句话，"我度过的最冷的冬天是旧金山的一个夏天。"

加利福尼亚州的天气和气候会受到太平洋和加利福尼亚洋流的强烈影响。加利福尼亚寒流沿着北美洲西岸从加拿大移动到墨西哥。洋流移动过程中混合了加利福尼亚州西海岸附近的海水，为海洋生物创造了海水上涌带和丰富的环境。洋流也会使流经的空气变冷，因此海岸会比遥远的内陆地区更加凉爽。即使在加利福尼亚州中部海岸线，在圣克鲁斯、蒙特雷和圣伊内斯等地，太平洋的冰冷海水也会使温度降低。由于空气的相对湿度会随着温度的上升而下降，加利福尼亚州在远离海岸线的地方更加干燥。北海岸的雾气朦胧便是加利福尼亚寒流所导致的。暖空气经过暖流的冷水时被冷却，使其湿度增加到水蒸气凝结成雾的程度。由此可能产生相当大的雾气，对该地区的运输造成严重的负担。

对于葡萄酒商来说，沿海有雾是一件好事，因为这会对该地区的葡萄酒生产带来两个有益的影响。首先，降低夏季的高温。雾会使葡萄园上空的空气变凉，白天的风将雾驱散或白天温度上升使雾气蒸发。较少暴露于加利福尼亚州夏季固有的炎热高温下使得生长季节较长、不耐热、喜欢凉爽气候的葡萄种植成为可能。雾产生的另一个积极影响是为植物提供水分。凉爽的夜晚，地面温度可能明显低于从海洋吹来的潮湿雾气。当雾与凉爽地表接触时，水会以露水的形式凝结在地表上。潮湿的气候里，我们可能不会认为露水是植物的重要水源；但是干旱的气候里，露水对植物的生存至关重要。事实上，多雾地区的本土植物会随着时间进化充分利用雾水的水资源。

　　加利福尼亚海岸线沿线居民的担忧之一是地震。加利福尼亚沿岸位于北美洲和太平洋板块的边界。板块移动是地震活动的根本原因，对酿酒厂和整个地区构成重大危害。如果观察几百万年来的板块运动，我们的重点就会从关注地震变为关注地貌。因为在地质时代中，板块运动改变了整个北美洲西海岸的地表形态。结果，加利福尼亚州的北部和中部形成了相互连接的冲积山谷和大致与海岸平行的长山脊线。这种地质与该地区的葡萄栽培密切相连。山脊用于引导和截留来自太平洋的空气。山脊的地表径流将侵蚀的土壤和养分带入山谷。气候和离岸洋流的共同影响一起创造了加利福尼亚州葡萄酒酒商赖以蓬勃发展的环境多样性。

　　葡萄酒生产环境的多样性在旧金山以北地区最为明显。太平洋、旧金山湾、狭长的山谷、海拔的差异以及有雾有风的交汇处，使每个山谷都有明显不同的风土条件。纳帕山谷只是索诺玛县东部的一个山谷。卡利斯托加（Calistoga）同样位于纳帕谷，但海拔略高于附近的圣赫勒拿（St.Helena）。俄罗斯河谷葡萄栽培区就在白垩山（Chalk Hill）山谷对面。有许多其他著名的北加利福尼亚州葡萄酒产区可例证。假设交通不是太糟糕，这些葡萄酒产区的车程均在半小时左右。

　　加利福尼亚州的其他地区也生产葡萄酒：中央山谷东侧的内华达山脉的山麓和蒙特雷内陆的萨利纳斯河谷（Salinas River Valley）。这些地区的葡萄园并不是很多，因为适合生产优质葡萄酒的地点有限。当地条件更适合生产葡萄干或鲜食葡萄的品种。

　　加利福尼亚州不仅种植葡萄，还培养人。如果有一个地方将葡萄栽培和酿酒学视为一门科学，那个地方便是加利福尼亚州。葡萄酒生产对加利福尼亚州的经济非常重要。在一些大学诸如加州大学戴维斯分校、索诺玛州立大学和加利福尼亚州州立大学弗雷斯诺分校，科学家们不断探索创新，让学生们进入到葡萄酒的"现实世界"中。这些都是州立大学，因为靠近加利福尼亚州的葡萄酒产区开设了葡萄栽培和酿酒学课程；高校在这一领域的研究促进了本州的经济发展，也为相关领域研究的拓展和葡萄酒人才的培养提供了丰富的人力资源。当我们乘坐旅游巴士来到葡萄园时，我们可能看不到这些隐藏的资源。事实上，我们甚至可能会谴责酿酒的新科学，因为我们对葡萄酒的浪漫观念通常不包括穿着实验室大褂的技术人员、不锈钢大桶和类似石油精炼厂的酿酒厂。不可否认，我们品尝葡萄酒时，一定会品尝到他们对加利福尼亚州葡萄酒的影响。

第八章 葡萄酒和地理信息系统

当我从"石器时代"开始读研究生时，虽然高科技地图和空间分析系统已经存在很长一段时间了，但它们在地理学领域的使用才刚刚开始。直到个人电脑的普及，地理系可以负担起定制的

计算机实验室，它们才在地理学领域流行起来。我在大学里曾经为赚啤酒钱所做的用笔制图（地图制作）的工作消失了。今天，甚至连手制绘制图表都没有了。

我之所以提出这个问题，是因为计算机制图和地理信息系统（GIS）所在的世界与葡萄酒及葡萄酒地理学完全不同。就在我赶着去协助约翰·多姆设计葡萄酒课程的同时，擅长计算机的研究生同学正前往计算机实验室。下课后我赶往实验室，他们帮我做计算机作业。我们一边做作业，一边收拾当晚葡萄酒课上剩下的东西。除了我们喝的葡萄酒（和我的作业），两者之间没有什么联系。

今天，世界上每个地理系似乎都在培养GIS工作的学生，他们的薪水很可观。其中一些甚至通过使用地理信息系统、全球定位系统（GPS）和遥感技术与葡萄酒世界联系。地理技术的引入对葡萄酒行业来说是一件伟大的事情。它在确定新葡萄园选址和种植作物品种时，尤其有帮助。唯一的副作用是，它迫使像我这样的人回到过去，学习使用我们千百年前轻易放弃的技术。

地理信息系统

地理位置可以帮助酒商回答一些重要的问题，如我们应该在哪里开发新的葡萄园？某一特定位置最适合种植什么葡萄？我们应该在哪里营销我们的葡萄酒？我们可以通过反复试验来回答这些问题。然而，反复试验要花费时间和金钱。新技术会产生高质量的信息，我们可以分析并利用这些信息做出更好的决策。虽然我们仍然会犯错，但如果运气好的话，能少犯点错。

在过去的20年中，GIS不断发展，已成为地理学中最重要的工具之一。它是进行地理研究的关键，也是一代地理学研究者的收入资本。这是一项迅速进入主流的技术，并为地理学研究者提供了大量的就业机会。

要查看GIS的示例，请登录到你最喜欢的Internet搜索引擎，并使用它的地图链接创建一个简单的位置地图。创造这张地图的就是GIS。简而言之，GIS使用计算机制图和数据库来获取信息并为其分配位置。当我们输入计算机一个地址时，它就会在地图上定位它。同样地，GIS可以用来在地图上定位到餐馆、酒店或加油站。之所以可能，是因为这些企业的地址出现在某个数据库中。这些地址被用于将数据连接到另一个有路径的数据库。把这两个放在一起，voilà！（哇哦！）我们就有一张地图，其中包括任何我们想要定位的地点。

GIS可以在线使用，甚至已经成为汽车的卖点之一。任何带有地图和位置信息的仪表盘屏幕的汽车都有一个GIS。车载GIS和在线GIS的唯一区别是车载GIS系统没有地址。因为汽车在移动，我们需要另一种技术来告诉GIS汽车的位置。这些信息是由GPS传感器提供给汽车的。GPS系统使用多颗卫星来三角定位我们的位置和高度。GIS提供地图数据，GPS则负责告诉计算机我们在地图上的位置，结果是GIS/GPS系统可以告知我们在哪里，要去哪里。

葡萄酒之乡旅行中，我们可以用我们的车载GIS/GPS定位每一个葡萄园、每一个酿酒厂，以及电话簿上出现的所有酒店、餐馆、加油站和旅游公司。如果电话公司有地址，它就会出现在某地的GIS数据库中。该系统甚至可以通过计算我们在不同道路上行驶的距离和时速，告诉我们到达目的地的最快路线。如果我们的旅行包括乘坐一架新飞机，那么我们能看到一个运行中的GIS/GPS系统。在飞机的位置、高度、空速等地图上循环显示的机载显示器也是GIS/GPS的应用例子。

在葡萄酒行业中，GIS可以将游客带到酿酒厂。但对于酒商来说，GIS更深刻、更有益的用途是选址。选址涉及两个基本的地理问题：对于一块给定的土地，什么用途最好？或者，哪块土地最适合某种特定用途？作为地理学研究者，选址是我们往往擅长的事情，因为这完全是为了做出良好的地理决策。GIS的使用使这些决策变得更容易、更合理。

GIS的编写不是依靠餐馆、加油站或酒店的信息，而是用土壤类型、温度、降雨量、地形和日照等令人难以置信的详细信息；再添加葡萄品种、理想的生长条件、葡萄酒产量和葡萄酒价值的数据。把这些数据集聚集在一起，就能在葡萄园里找到最好的葡萄。通过扩大数据库，包括现有的土地用途、土地价值和土地使用规定，可以用GIS识别任何一个适合开启新葡萄园的可用土地。

在较老的葡萄酒产区，利用GIS选址并不常见。这是因为数百年的葡萄酒生产已经为种植什么品种以及在哪里种植提供了所有的答案。这些葡萄园在技术发明之前就已经存在了。GIS选址功能在不曾有土地用于葡萄园扩张的地区也不太常见。GIS应用程序在这些领域能派上用场大都是选址以外的其他用途，比如，可以用来追踪现有葡萄园的信息。事实上，喜欢使用这种技术的酒商可以用GIS跟踪每一种葡萄、类型、种植日期和产量。大多数酒商不会走到这个极端。相反，他们会使用GIS跟踪某一田地或某些田地内的葡萄排的信息。

要想充分利用GIS，就必须去那些年轻且正在成长的葡萄酒产区。在那里，GIS不仅是一种数据存储和检索手段。土地的可用性和有限的葡萄酒生产历史给了我们一个应用GIS提供信息的机会。这些信息可用于指导土地购买和葡萄园扩张，并影响种植决策。GIS的使用可帮助作决定，这将影响葡萄酒质量和葡萄园未来几年的利润。

使用GIS的最大的问题之一是输入的信息的质量。GIS的好坏取决于它的数据。垃圾输入导致垃圾输出。幸运的是，有很多优质的数据源。政府机构和私人供应商可以提供丰富的可绘制数据。其中一些信息已被收集并存入数据库。此外，关于土壤、植被等某些类型的环境信息以航空照片或卫星图像的形式也提供了极大的帮助。我们笼统地把航空摄影和卫星图像称为遥感数据，它是我们在没有直接接触的情况下获得的数据。始于军事产品的遥感发展成为人们了解地球以及太阳系其他行星环境的窗口。

在第一次世界大战的第一次空中侦察任务之前，人们就认识到鸟瞰事物的价值。通过简单地改变观看高度，可以发现大量的额外信息。多年来，遥感技术从简单的航空摄影发展到将数字成像系统（数码相机的前身）安装在卫星上。通过数字化，遥感不仅改变了我们的有利位置，还通过收集肉眼可见的信息扩大了我们的视野。

当遥感开始率先使用数字成像系统时，远远超出了我们所能看到的范围。眼睛是一种生物系统，用来探测某类电磁能量。然而，眼睛能探测到的是非常有限的。电磁波谱包括广泛范围的能量类型，依据电磁波长而分类。光谱的可见部分只是所有电磁辐射的一小部分。没有技术的帮助，其余的就无法看到。

数码相机使用了一个电子传感器，可以探测到肉眼可以看到的波长。换句话说，电子传感器探测的信息和我们的眼睛一样，成像系统可以让我们看到其他波长。这是非常有用的，因为一些肉眼看不到的波长提供了农场主或葡萄酒商非常有用的信息。在某些波长下，土壤水分的微小差异变得很明显，或者可以将健康的叶子与刚刚受到疾病影响的叶子区分开来，因为发现得早，观察者可以及时采取行动。正确的成像系统可以感知冷热空气的排放，使我们能够测量地貌的小气候变化。通过将遥感和其他类型数据结合起来，GIS在选址上将更加有帮助。

在创建一个好的GIS时，我们可以包括来自各种来源的信息。为了使气候成为我们GIS的一部分，我们可以包括附近气象站的信息。如果幸运的话，我们还可以包括热量的总和信息，如果它是容易得到的。我们还可以将我们的GIS与气候或葡萄品种偏好的热量总和信息连接起来。作为了解当地风土的一部分，我们还可以在GIS中包含土壤信息和地貌。值得庆幸的是，这些信息在大多数发达国家都很容易获得，在这些国家，政府机构监测土壤并从事地貌测绘。这些机构将信息作为一项公共服务向大众传播，以帮助能从该信息中受益的农场主和其他个体。在美国，这些机构是自然资源保护署（NRCS）和美国地质调查局（USGS）。

NRCS以前被称为土壤保护署，除了落基山脉和阿拉斯加的一些孤立地区外，几乎对美国所有地区进行土壤调查。这些调查提供了非常详细的土壤信息。大多数信息都打印成书。然而，最近的调查和调查修订已经在网上公布。这样，只要是有网络和时间的人就可以访问它们（文件很大）。USGS有美国几乎所有地区的不同比例尺的地形图。其中一些信息以地图形式提供，可以下载后立即使用。与NRCS一样，一些信息以数字形式提供，使其能够纳入GIS应用程序。

即使有气候、土壤和地形地貌方面的可用数据来源，专家的建议仍然很有帮助。主要葡萄酒公司都雇佣这样的专家。对于其他人来说，农业推广是许多大学使命的一部分。如果附近的大学有农业学院，它通常会有一个推广系统，雇佣专家和教员帮助农民成为更好的农民。对于葡萄酒商来说，推广员是有关环境问题、农业问题和生产改进的信息来源。在这所大学里，教员和研究科学家可能正忙于对葡萄品种进行测试，处理葡萄酒害虫，或尝试开发新的葡萄杂交品种。这项工作是晋升和终身聘用过程的自然结果，其影响在于，为所有酒商提供了一个可用的知识基础，让小酒商能够进行他们自己无法资助的研究，从而创造了一个公平的竞争环境。

通过推广系统的工作，校内的研究结果可以引起在该领域工作的专业人员的注意。借此，推广系统将教室和实验室与现实实践联系起来。正是通过这种联系，计算机技术和GIS进入了葡萄酒世界。即使在今天，创新的GIS应用程序仍然通过高校的推广系统从教室转移到实地应用。

俄勒冈州和华盛顿州

如果我们想改行，且有实力开葡萄园，我们会去哪里呢？有些地方已经被证明是葡萄酒生产的良好环境。从纳帕或索诺玛这样的地方开始，会让我们在营销上领先一步。问题是，这种地方的声誉和葡萄栽培历史意味着当地所有的好土地都已经投入生产。我们得买一个现有的葡萄园。

如果我们想实现成为葡萄酒商的梦想，但又想从零开始，我们可能会想要从沿海岸往北搬到俄勒冈州或华盛顿州。气候将会完全不同。我们可能无法种植一些适应地中海气候的葡萄，但有很多来自西海岸海洋气候的葡萄品种，在这两州会长势喜人。更重要的是，俄勒冈州和华盛顿州提供的可用土地更多。我们可以把现有的农田改造成葡萄园，从一开始就掌控一切。

在我们带着支票和梦想奔向太平洋西北地区之前需要明白，葡萄种植在这些州的所有地方都不会很好。我们必须了解这些州的地形、雨影效应以及这些对葡萄酒生产的意义。一份详细的西北太平洋气候地图将告诉我们，当我们从西向东穿越俄勒冈州和华盛顿州时，气候条件会因受雨影效应影响发生很大变化。与加利福尼亚州一样，俄勒冈州和华盛顿州的海岸线深受太平洋和加利福尼亚洋流的影响。来自太平洋的西风全年凉爽潮湿，这意味着沿海地区不是酿酒葡萄的理想产地。

这就是雨影效应发挥作用的地方。与海岸线平行的是海岸山脉和奥林匹克山脉。来自太平洋的潮湿冷空气在被推到山上时发生了变化：温度下降，相对湿度增加，导致这些山脉的迎风面出现大量降雨，有些地方甚至拥有温带雨林，是北美平均降雨量最高的地方。当空气从背风面向下流动时，会失去一些水分，温度明显变暖。因此，威拉米特河谷和普吉特湾低地（Puget Sound Lowland）的气候与几英里外的海岸不同。

雨影效应的产生是因为空气上升时冷却的速度不同。随着空气上升，它的冷却速度大约是每1000英尺（约300米）海拔变化6华氏度（约14摄氏度），在上山的通道中，当空气到达山的另一边谷底时，会变得更温暖、更干燥。因此，世界上很多沙漠都位于大型山脉的背风面。

雨影效应意味着威拉米特河谷和普吉特湾低地将比海岸更干燥、更温暖。当空气经过内陆更高的喀斯喀特山脉时，同样的情况会更加明显。结果，当我们从西向东穿过俄勒冈州和华盛顿州时，我们从沿海低地的凉爽潮湿环境开始，最终在哥伦比亚高原的近乎沙漠的环境结束。

雨影效应为我们在俄勒冈州和华盛顿州建立葡萄园提供了一系列可能性。第一种可能性是在海岸山脉和奥林匹克山脉的内陆山谷。其中，威拉米特河谷在葡萄酒行业尤为突出。越来越多的葡萄园正在慢慢取代传统上存在于此的饲料作物和乳品业。回想一下约翰·冯·杜能，我们看到的是一个由利润驱动的决定。在今天的威拉米特河谷，葡萄园比牛奶场或小型家庭农场有更好的盈利潜力。葡萄酒行业还有一个超越简单利润的因素，这些动机在威拉米特河谷发挥着作用。新酒厂的发展体现了葡萄酒文化和审美吸引力。新酿酒厂在工厂建筑中庆祝山谷的农业文化。再利用旧谷仓建造新酒厂可能出于节省成本，但看起来像旧谷仓的新酒厂对山谷农业遗产的致敬。

威拉米特河谷以及更北部的普吉特海湾低地的不利之处在于，这些地区已经开发完毕，价格更高。山谷中的城市化也是一个问题。值得庆幸的是，俄勒冈州和华盛顿州是美国在管理城市地区增长方面最进步的两个州。它们远没有纳帕和索诺玛那么发达，也没有那么昂贵。然而，如果想去以前没有酿酒师去过的地方，威拉米特河谷可能仍然不是一个非常合适的地方。

为了寻找成为葡萄酒商梦想的完美地点，我们可以尝试一下哥伦比亚高原。在俄勒冈州，由于海拔高，高原的大部分地区都相当凉爽，适合酿酒葡萄的生产。在华盛顿州，高原的海拔较低，因此气候比俄勒冈州温暖。按照加利福尼亚州的标准，气候并不温暖，但可以发展适宜较凉爽天气栽种的品种，如黑比诺和雷司令。鉴于广阔空间和相对的发展不足，崭露头角的葡萄酒企业家有机会在亚基马（Yakima）、哥伦比亚和瓦拉瓦拉山谷（Walla Walla valleys）开发葡萄园。由于葡萄园梦想可能需要预算，华盛顿州东部可能正是我们要寻找的地方。

对于那些决心成为葡萄酒商的人来说，两个州都有机会。不仅如此，现有资源和技术可以帮助新兴葡萄酒商就从哪里开始、种植什么品种做出良好的地理决策。无论是遥感和地理信息系统，还是通过农业推广办公室提供的科学研究和建议，对于那些想要进入种植葡萄和酿酒行业的人来说，几乎没有比这更好的时机和环境了。

第九章　酿酒和地理

　　当我还是助教时，约翰·多姆每个学期都有一个晚上专门研究甜点葡萄酒。那晚的情景我记得很清楚，但不是因为讲座的内容。作为约翰的助理，我的工作之一就是在下课后"处理"掉所有剩下的葡萄酒。那些已经打开的酒瓶，意味着我要倒出剩余的酒，回收瓶子；而那些未开封的酒瓶，"处理"则有着截然不同的含义。那晚，我坐在办公桌前，想着该怎么处理那些没开封的酒瓶。为了把所有的波特酒、雪利酒和苏特恩酒带回我的公寓，我不得不多借了一个书包。我还记得在回家的路上，我尽量不引人注意，提着两个装满酒瓶的书包经过校园警察局。

这和葡萄酒的地理位置有什么关系呢？如果说有的话，那就是它证明了口味偏好是如何随着时间的推移而变化的，以及它们是如何因一种文化和一个地方而特有的。过去，甜度在葡萄酒中很受重视。有些文化可能仍然有这种感觉。这也证明了酿酒过程中细微的变化可以产生非常不同的结果。

人类的味觉对葡萄酒行业来说非常重要。然而，味觉并不是地理上的。虽然味觉的机制是恒定的，但我们对味觉的理解因地而异。味觉是几乎所有人都共有的一种生理过程。不常见的是人们喜欢和不喜欢的味道。味觉偏好不仅仅是一种生理反应，更是一种习得的反应。口味偏好可能受特定的文化或地域影响。当我们开始谈论人物和地域时，地理学研究者在这个问题上有很多话要说。

味觉在一定程度上是一种习得反应，会受到我们日常饮食的影响。如果我们把时间倒转到100年前，我们所吃的食物与我们居住的地方有特定的关系。即使在今天，孤立的社会在接触世界其他地方的食物和口味方面是有限的。

食物和地方之间的联系是风土概念背后背景的一部分。如果我们能把食物和特定环境联系起来，我们也能把味道联系起来。它影响我们习惯吃什么食物以及我们如何感知食物的味道；甚至可能影响我们给食物贴上的标签。

地区酿酒差异

味觉是有共性的。在某种程度上，如果不考虑地区，酿酒也是有共性的。鉴于生产的共性，设备也相当具有共性就不足为奇了。全球酿酒设备市场的标准化程度很高。某些案例中，传统酿酒技术和设备依然存在，在酿酒是当地文化不可分割的一部分的地区更是如此。即使在这些地区，传统技术有时也被降级为展示生产、特殊事件和仪式的工具。

然而，有些酿酒方式在传统上是不同的。随着时间的推移，独特的地区特定酿酒工艺一直持续到该工艺与地方交织在一起的程度。前文讨论苏特恩葡萄酒和苏特恩这个地方时提到一个例子。这种联系会在我们的思维中根深蒂固，以至于当产品在其他地方生产时，我们就会觉得很奇怪。这是因为有些葡萄酒和葡萄酒产区的基本酿酒工艺已经制度化。香槟（Champagne）、赫雷斯（Jerez）、波尔图（Oporto）、马德拉（Madeira）和马萨拉（Marsala）等地的酿酒工艺与常规酿酒工艺不同。它们也是酿酒技术如何与其起源关联，以至于地名就是酒名。现在，法律制度保护葡萄酒和地方之间的联系。人们可能会对此持怀疑态度，称其为市场保护主义。我们还可以将这些措施视为保护地点和产品之间独特关系的手段。从这个意义上说，法律是在保护酿酒的地理特性。

马德拉是一个了不起的地理故事，也是某地如何成为其生产的葡萄酒的同义词的伟大故事。马德拉岛是葡萄牙的一部分；它是西班牙、葡萄牙和摩洛哥西海岸外的许多小火山岛之一。如今，它是欧盟最南端的地方之一，也是享受温暖天气、原始海滩和山林的游客的目的地。在帆船时代，盛行风使马德拉成为商船横渡大西洋前的最后一站。因为北侧气压高且无风，这使得亚速尔群岛不适合帆船航行；而南部的佛得角群岛又热又干，无法成为一个良好的供水停靠点，因此马德拉岛成为船舶补水的常规停靠点，而这些船也成为岛上的葡萄酒现成的市场。英国和葡萄牙之间的贸易协定也巩固了马德拉在跨大西洋贸易中的重要地位。

马德拉葡萄酒用白兰地或甘蔗酒强化口感。之所以使用甘蔗是因为马德拉岛上的定期降雨和温暖温度有利于甘蔗的生产。可能因为偶然，也可能出于精心设计，马德拉葡萄酒使用白兰地或甘蔗酒强化口感这种做法帮助它在横渡大西洋的旅程中幸存下来。由于穿越的是热带地区，高温会导致正常的葡萄酒迅速变质，而添加的额外酒精可以使马德拉葡萄酒经受住长时间的热带高温。由于来自其他葡萄酒产区的竞争，以及运输困难，马德拉葡萄酒在欧洲的销售本来会受到限制，然而，马德拉葡萄酒却成为殖民地非常受欢迎的饮料。除了波特酒，它是新大陆殖民者可能得到的唯一适合饮用的葡萄酒。200多年的历史改变了跨大西洋贸易的性质，但没有改变的是马德拉岛与当地繁荣发展的酿酒技术之间的联系。

酿酒业

酿酒是一种加工形式。尽管我们一想到它就会不寒而栗，但这使酿酒成为一项工业活动。在加工过程中，我们获取原材料，使它们成为更有用和更有价值的形式。这基本上就是我们在酿酒时所做的：把葡萄变成对我们更有用和更有价值的东西。作为加工形式的葡萄酒酿制意味着酿酒厂与罐头厂或木材厂有很多共同之处。

比较酿酒厂、罐头厂和木材厂可能显得相当可笑，但从地理角度来看，它们具有某些共同特征。这三种加工都是从自然中提取产品并改变其形式。在这样做的过程中，产品减轻了大部分重量。酿酒过程中，我们要加工葡萄的固体；罐头厂里，我们需要加工鱼或螃蟹卖不出去的部分；木材厂里，我们需要处理树皮和废木。这些加工活动其实是在减重。这使它们具有一个共同的地理常识。

加工和减重产品的地理位置主要集中在运输问题上。为什么我们要支付被丢弃材料的运输费用？对于葡萄酒来说，这可能没什么意义；但我们可以考虑采矿作业，会有大量毫无价值的废石换取极少量有价值的金属。为什么运输废料呢？成本和利润要求我们在资源附近进行加工：我们在森林附近建木材加工厂，在渔港建罐头厂，在葡萄园附近建酿酒厂。

另一个对理解加工和运输很重要的问题是腐烂。在木材工业或采矿业中，腐烂可能不是一个主要问题，但对罐头厂就是个问题了。如果我能把鲜活而健康的螃蟹扔进一锅开水里，这是理想的食物。但是，如果我不得不购买已经加工过的螃蟹，那么我希望螃蟹在罐头厂煮熟之前都是新鲜的、健康的。螃蟹进入无菌环境的时间越长，肉的健康和安全就越成为问题。鉴于所涉及的风险，我宁愿不冒险。

作为消费者，我们往往非常关注与肉类有关的变质问题，这仅仅是因为在运输过程中变质的肉类对健康构成了非常严重的威胁。当葡萄在运输过程中发霉时，消费者的健康问题就不那么明显了。葡萄变质的原因通常是过早发酵。正如之前已经讨论过的，发酵是葡萄酒酿造过程的一部分，但我们希望能够控制发酵的酵母。相信葡萄园里飘浮着的微生物能制造出高质量的葡萄酒是不现实的。用二氧化硫处理葡萄可以杀死野生酵母，仅使用适合酿酒过程的酵母。

我们希望看到葡萄园附近的酿酒厂。从历史上看，因为运输过程中会造成酒变质导致葡萄酒商不得不将产品出售给当地的酿酒厂。这为葡萄酒商提供了自己生产葡萄酒的动力，因为葡萄酒生产给了他们对成品的控制权。这也给他们带来了经济上的好处和该死的葡萄酒生产的债务问题。对生产和利润的控制一直是葡萄园和酒厂合并所有权的基础。冷藏技术改变了这种模式，使葡萄的长途运输成为可能。因此，尽管葡萄园和酿酒厂的合并所有权仍有财政和创意激励措施，但是酒厂和葡萄园可以在物理上分离。从地理角度来看，我们很欣赏这一点，因为它让葡萄酒和当地联系起来。没有它，风土和地方对葡萄酒来说就不那么重要了。

对于葡萄酒行业来说，运输是一个重要问题。运输是将成箱酒瓶尽可能迅速、安全、经济地从生产者那里运送到经销商和消费者手里。葡萄酒加工和生产过程中，运输成本是做出地理决策的关键变量。尽管运输很重要，但我们通常很少将它作为葡萄酒行业的一部分考虑，它经常在幕后工作。尽管我们仔细阅读葡萄酒标签，尽可能多地收集有关葡萄酒及其产地的信息，但我们忽略了负责将葡萄酒送到我们手中的公司的信息，如果有的话，也会被我们忽略。除非有问题，否则我们不会注意到这个过程。

随着时间的推移，运输已经成为葡萄酒地理位置上一个非常重要的因素。作为一种液体，葡萄酒因其形状和重量而构成了主要的运输问题，移动起来很困难。而发酵是一个更复杂的问题。葡萄会迅速发酵，限制了它们的运输能力。在密闭容器出现之前，葡萄酒会在运输过程中继续发酵。装瓶有助于限制运输过程中的发酵，但这也引发了其他问题。早期的酒瓶是易碎的，因此，在运输过程中破损是一个主要的经济问题。当时最好的道路都是用鹅卵石铺成的，因此破损就更是一个需要考虑的现实问题。

考虑到产品的易变质，在市场附近生产葡萄酒就具有显著的优势。正如我们将在本书后面看到的，运输问题意味着葡萄酒产区与其所服务的市场一起发展。为了把葡萄酒卖到更远的市场，必须找到一种方法来稳定它，使它不会在运输过程中变质。和马德拉酒一样，这可以通过增加酒的酒精含量来实现。足够高的酒精含量会停止发酵过程。靠近酿酒厂或交通便利的买家可以获得优质的低度葡萄酒。距离较远的买家则被迫选择酒精含量较高的葡萄酒和烈性酒。在更远的地方或没有良好贸易渠道的地区，买家会转向本地生产的其他类型的酒。

重型货物（尤其是那些容易变质的货物）的运输历来都很难。早期道路系统质量差加剧了运输困难，因此，水上运输成为运输葡萄酒的最佳方式，并一直持续到19世纪末。水上运输也是运输大容量和高重量产品（例如汽车）的最有效方式。水上运输的重要性促进了运河建设。运河使大量货物得以安全顺利地运达。随着时间的推移，铁路取代运河成为农业和工业的运输选择。仍在运营的运河已经变成了一项娱乐项目。事实上，驳船游对于那些想体验慢节奏旅行的游客来说很受欢迎。

运河和远洋运输在某些贸易中仍然是重要的，但对于葡萄酒，随着时间的推移，二者的关联已经消失了。在葡萄酒从生产者到消费者的运输过程中，铁路、公路和航空货运方式已经超过了水上运输。在某些情况下，向更快速的交通方式的转变产生了有趣的结果。博若莱新酒（Beaujolais nouveau）的分销就是一个很好的例子。博若莱位于勃艮第葡萄酒产区的最南端。虽然严格来说它属于勃艮第的一部分，但其气候与它的北部邻国截然不同。气候如此，佳美葡萄在博若莱茁壮成长，正是这种葡萄成为博若莱新酒的基础。无论从运输还是酿酒的角度来看，这种葡萄酒之所以有趣，是因为它不是陈酿。葡萄酒经过发酵，尽快运往市场。随着时间的推移，葡萄酒发行已经标准化到11月的第三个星期四。发布后，大量葡萄酒被运送到等待的货车上，这些货车将葡萄酒送到空运码头，等待第一批海外航班。葡萄酒在航班放行几个小时内就在消费者的酒杯里了。以磅为单位计算的空运成本远远超过任何其他形式的运输。因此，它通常仅限于价值高但体积或重量很小的产品。人们愿意为本季第一款博若莱新酒支付的价格抵消了这种运输增加的成本。

尽管被其他运输方式所取代，但现代葡萄酒地理是由航运塑造的。南特和波尔多等城市的重要性是基于交通。来自内陆的货物包括葡萄酒被运往下游港口，出口到国外市场。港口成为市场

中心和外商投资的重点。在葡萄酒世界，波尔图港和加的斯港是
两个经典的案例。

波尔图港和加的斯港

　　波尔图和加的斯港口对葡萄牙和西班牙以外的人来说可能没
什么意义，它们是大西洋沿岸的中等规模的港口城市，曾经是重
要的贸易中心，从葡萄牙和西班牙新大陆殖民地的贸易中获得了
大量财富。过去的财富反映在这两个城市的建筑遗产中。即便如
此，它们在该地区以外的人中并不为人所知。对于葡萄酒爱好者
来说，从这些城市出口的葡萄酒更容易被认出，这些城市是向世
界葡萄酒消费者出口波特酒和雪利酒的传统地区。

　　波特酒和雪利酒是葡萄酒、产地和水上交通之间形成联系的
很好的例子。波特酒和雪利酒的生产工艺与生产标准红葡萄酒或
白葡萄酒的工艺截然不同。波特酒和雪利酒是被添加剂强化的葡
萄酒。它们成为了一个相当有趣的地理研究课题，因为这种强化
类型已经成为他们发展的地方的代名词。

　　英文"港口"（port）一词源自波尔图（Oporto），这是葡萄
牙出口城市的名称。波尔图靠近多罗河谷的河口。多罗河（Duoro
River）是葡萄牙北部葡萄酒产区的中心，对葡萄酒生产非常重
要。在许多地方，通往河边的南向山坡上有梯田式的葡萄园。这
条河本身就是葡萄酒运输到波尔图酒店的中心。事实上，一些港
口标签仍然带有小型平底帆船（barcos rabelas）的图像，用于将
葡萄运送到小屋。多亏了防洪工程和沿途的船闸，多罗河现在已

经可以容纳小型游轮了。来往于这条河的游轮公司在广告中说这条河是欧洲最美丽的河。这说法可能是有争议的，因为几乎所有欧洲游轮公司都如此赞美它们通航的河流。无可争议的是，现在的游轮让游客有机会看到河流、城镇，体验该地区和该地区的葡萄酒。

波尔图与港口贸易之间的联系并非偶然。波尔图是地理学研究者所说的"卸货点"（break of bulk）中一个很好的例子。过去常常在多罗河边上来回奔跑的巴克犬已经很好地适应了这条河。在波涛汹涌的公海上，该港口的设计远非理想。在现代防洪系统出现之前，能够远洋运输的船只只能向上游行驶几英里。这就使得波尔图成为了货物上岸、仓储、住宿，然后重新装载到下一段旅程的地方。像波尔图这样活跃的卸货点发展成了贸易社区，在某些情况下甚至发展成了大城市。

波尔图不仅是贸易点，还是港口旅馆的所在地。如果我们在互联网上搜波尔图的图片，会看到一个外观纯正的葡萄牙城市，只有港口旅馆的墙壁、屋顶和广告牌上贴满了听起来像英文的公司名称。历史上，波尔图曾经一直是英国葡萄酒的主要供应地。这种贸易为波尔图带来了英国的投资和投资者。强化产生的高酒精含量帮助波特酒保质运送到英国。因此，英国投资者不仅将他们的名字留在了港口旅馆，他们还影响了葡萄酒本身的发展。

从地理学和历史学看，英国人积极从事港口贸易是有充分理由的。当时，英法两国一直争吵不休时，法国的南特和波尔多葡萄酒被禁止进入英国。继续向南，下一个拥有大量葡萄酒的主要港口是波尔图。与经常与英国人发生冲突的西班牙北部港口不同，波尔图的多罗河为内陆的葡萄酒产区提供了通道，为波尔图提供葡萄酒和其他贸易的基础。

虽然葡萄酒可能不同，但雪利酒的历史和地理与波特酒有很多共同之处。雪利酒是赫雷斯（Jerez）的音译，赫雷斯的全称赫雷斯·德拉弗朗特拉（Jerez de la Frontera）。赫雷斯·德拉弗朗特拉小镇离加的斯港不远，是雪利酒产业的发源地。雪利酒成为葡萄酒贸易的一部分比波特酒晚。事实上，雪利酒是作为波特酒的竞争对手而兴起的。波特酒是用白兰地强化葡萄酒制成的。这样一来，发酵过程就停止了。鉴于每年葡萄收获的变化和标准化强化过程的困难，波特酒口味有可能会变化明显。有时，这个过程会产生卓越的产品。对于一些较小的酿酒商来说，这往往是在碰运气。雪利酒是用索莱拉（Solera）系统生产的，在陈酿过程中，年份少的葡萄酒和陈年葡萄酒混合在一起，混合延长发酵时间，产生更高的酒精浓度。多年来在索莱拉系统中混合的葡萄酒提供了统一的口味，这是葡萄酒营销的一个重要因素。

拿破仑垮台后，雪利酒在葡萄酒贸易中变得举足轻重。威灵顿勋爵（在滑铁卢击败拿破仑）率领的英国军队在葡萄牙和西班牙作战，特拉法加角（Cape Trafalgar）就在加的斯港以南，这场战役由此得名。英国军队驻扎在该地区，雪利酒自然会引起英国葡萄酒市场的注意。由于加的斯港是距离西班牙最近的重要港口，有出口葡萄酒的潜力，西班牙和英国之间的和平将使赫雷斯和雪利酒在经济上成为波尔图和波特的有力竞争者。因此，对于英国投资者和投资来说，这也是一个成熟的领域。

英国的影响使雪利酒和波尔图酒合二为一。然而，在地理上，生产这些葡萄酒的地方却非常不同。赫雷斯所在的西班牙安达卢西亚地区是摩尔人占领的伊比利亚半岛的最后一部分。摩尔人的影响反映在该地区的建筑上,尤其是地区首府塞维利亚。这种文化影响在波尔图几乎看不到。加的斯港也是西班牙船只前往新大陆的最后停靠港口之一。因此,它的文化和遗产在许多西班牙殖民地区都是可见的。

这两个地区在自然地理上也不同。波尔图位于起伏的丘陵地带,气候与北加州相似。大西洋的影响有助于缓和天气,提供冬季降雨,并在夏季将温度保持在合理水平。而赫雷斯的地貌相对平坦、贫瘠,富含石灰石的土壤在一些地区几乎是白色的。大西洋影响了赫雷斯的冬季天气,带来了降雨和凉爽的气温,然而冬天很短。赫雷斯靠近北非和撒哈拉沙漠,这意味着赫雷斯的夏天比波尔图的夏天更热更干燥。当春天的风向改变时,赫雷斯很快就从凉爽和潮湿变成像烤箱一样炎热。

波特酒和雪利酒在英国的影响和贸易方面有着共同的历史。它们也经常被归为加强型葡萄酒。话虽如此,这两个葡萄酒产区生产的葡萄酒也各不相同。虽然你可能会在你最喜欢的餐厅的酒单上看到它们一起出现,但它们背后都有一个关于葡萄酒地理的有趣而独特的故事。

第十章　葡萄酒传播，殖民主义和政治地理

　　最早的葡萄和大多数葡萄一样好吃，生长在几千年前高加索山脉的某个地方。它们是如何遍布全球的呢？地理学研究者就喜

欢这类问题。为什么呢？因为它能让我们做我们最擅长的事情。我们着眼于某物从哪里开始，在哪里结束，它所经过的路径，它在途中是如何改变的，以及从开始到结束的机制。这就像是一部地理侦探小说。（只不过）有些地理学研究者喜欢探究音乐；有些地理学研究者喜欢探究运动。还有一些人喜欢探究学术上更高深的主题，比如语言和宗教；而我们喜欢探究葡萄酒。

在处理这个侦探故事时，我们需要记住一些重要的基本规则。首先，我们必须区分葡萄运动、葡萄种植知识、葡萄酿造葡萄酒知识，以及拥有这些知识的人的活动。我们关注的是人、物和思想的传播。每一个元素对于了解葡萄和葡萄酒的时空传播都很重要。

葡萄酒的起源

早期的葡萄酒生产是葡萄收获的自然副产品，因为在葡萄生长的气候中，夏天和初秋的温度足够高到引发发酵。如果没有密封的容器、冰箱或杀死葡萄周围天然酵母的方法，几乎不可能阻止自发发酵。不管你是否愿意，将葡萄或葡萄汁储存一段时间后，你最终都将得到的是最基础款的葡萄酒。

历史上，葡萄酒运输一直是一个重要问题。作为一种液体，它的重量和对防水容器的需求让它的传播很困难且价格昂贵。这些因素影响了葡萄酒的运输方式和葡萄酒贸易的地理范围。运输时间长意味着葡萄酒容器可能会长期暴露在自然环境中，再加上持续发酵，到达目的地的葡萄酒与最初运输的葡萄酒口感上可能有很大不同。葡萄酒是一种有价值的商品，但要获得足够数量、价格适中或质量合适的葡萄酒并不总是那么容易。因此，生产葡萄酒通常需要有葡萄和在当地种植的能力。

对早期葡萄酒贸易和葡萄传播的一个重要影响是它们在不同宗教实践和仪式中的使用。宗教实践要求提供葡萄酒，这补充了现有的葡萄酒消费市场。葡萄酒和葡萄植物沿着贸易路线，跟着宗教传教士活动轨迹一起移动。那时还没有一个我们今天看到的共同全球葡萄酒市场，葡萄酒的交易范围非常有限。当地气候、葡萄、酿酒工艺和口味的差异意味着葡萄酒的品质因地而异、因贸易路线而异。

虽然宗教在葡萄酒的传播中扮演了一个角色，但可能不是一个主要角色，相比之下通过贸易和殖民主义传播可能要重要得多。要了解它是如何演变的，我们可以从古代地中海的贸易文化开始，尤其是希腊的贸易文化。希腊人和腓尼基人，以及地中海盆地的其他贸易民族改变了葡萄酒和葡萄酒贸易的地理位置。他们横跨地中海进行葡萄酒和葡萄贸易。在此过程中，他们开启了葡萄酒贸易的转型，以及葡萄酒与政治地理的联系。这个例子说明所有西方文化都起源于希腊的观念实际上是有一定道理的。

古典希腊世界的商业文化并没有开启葡萄酒贸易。然而，他们的政治演变确实对葡萄酒贸易产生了重大影响。从小城邦到商业帝国的转变为葡萄酒贸易和葡萄传播创造了机会。对于那些不熟悉这个概念的人来说，一个城邦（新加坡是一个现代的例子）是一个极其小的国家，由一个城市及其周边环境组成。城邦可获取资源的领土很有限。今天，摩纳哥、安道尔等，这类国家如果不是从世界其他地方获取资源，就是从邻国获取资源。古典世界则大不相同：一个国家的财富在很大程度上与土地资源有关。国家越小，其潜在资源就越有限。

大国的贸易往往是对内的。对小国来说，贸易必然是对外的，而对外贸易带来了政治。在古典希腊世界的政治环境中，城邦之间经常发生冲突。那些因国土面积而资源有限的国家被迫将有限的资源用于防御。防御工事和庞大军队是一笔巨大的消费开支，可能会限制可用于支持贸易的资金数量，因此，当地葡萄酒生产变得重要起来。

随着城邦的发展和巩固，以前用于保护本国免收邻国侵占的资源可以用于其他用途。地中海、爱琴海、亚得里亚海和黑海成为商业帝国扩张的贸易路线。这些海上贸易殖民地使希腊人有能力交易和传播他们的产品和文化。由于葡萄酒和葡萄是他们文化的一部分，还是利润的商品，它们成为了希腊商人的贸易商品，希腊商人对葡萄酒的传播影响巨大，并建立了至今存在的商业模式。

尽管希腊葡萄酒历史悠久，但大多数消费者对它并不熟悉。你所在城市的葡萄酒商店甚至可能都不卖希腊葡萄酒。我们不了解希腊葡萄酒是近一千年的事情，它绝不代表古典希腊对葡萄酒地理不重要。今天希腊葡萄酒的市场地位是罗马人让希腊人黯然失色的结果，是大分裂和十字军东征的产物，也是拜占庭帝国的衰落和奥斯曼帝国兴盛的产物。东地中海地区从此与不断增长的全球葡萄酒市场隔离开来，希腊葡萄酒酿造呈现内在化趋势，产品主要面向当地消费者。随着希腊酒商走向世界市场，这种情况正在随之改变。一些酿酒商正在转向更常见的葡萄品种；修改了标签以便外国消费者在不理解西里尔字母的情况下也能读懂。喜欢追求新鲜感的葡萄酒消费者也在尝试传统的希腊葡萄酒。即便如此，希腊葡萄酒有限的传播可能会让一些人质疑其对葡萄酒及其地理学的贡献，其实这种质疑是不该的。

罗马葡萄酒的传播

希腊人为我们今天所知的葡萄酒产业奠定了基础，罗马人继承了希腊人的传统并使之成为经济的重要组成部分。就像希腊人在跨越地中海的贸易中带来了葡萄酒一样，罗马人也带来了葡萄酒，因为他们征服了当时大多数已知的世界。

意大利半岛是庞大的军事和经济帝国的政治和经济核心。它也是葡萄酒生产的中心，帝国其他地区生产的葡萄酒的主要消费者。就像之前的希腊人一样，罗马人在地中海盆地周围交易葡萄酒。地中海是运输葡萄酒和其他产品的高速通道，意大利半岛就是其中心。

罗马帝国在地理上的重要性在于它创造了一个贸易繁荣的环境。冲突地区位于帝国的边缘；而远离这些冲突地区，帝国就很安全且管理稳定。军事开支仍然很高，但帝国资源允许在其他事情上的大量公共开支。税收收入用于发展广泛的道路系统和港口，促进贸易，帮助创造更多的财富。更多财富意味着更多的钱花在消费品上，包括葡萄酒。此外，葡萄酒还需征税，这对罗马经济的健康发展至关重要。因此，我们在罗马时期看到了政府控制和管理农作物的首次努力，可以称作是现代农业管理的先驱。

帝国力量意味着罗马文化的广泛传播。这对葡萄酒来说很重要。对罗马人来说，葡萄酒不仅是一种消费品，更是文化的一部分。在经济和文化双重原因驱使下，葡萄酒紧随军团。

罗马征服的地理领土对葡萄酒的演变产生了重大影响。帝国发展将罗马人拓展到了地中海盆地以外，以及与意大利半岛气候截然不同的地区。对于使用适应意大利半岛气候条件的葡萄品种的酒商来说，这是一个问题。对于重视葡萄酒文化的他们来说，这个问题需要解决，可以通过非葡萄酒酒精来解决，也可以从帝国其他地方进口葡萄酒来解决。气候问题也可以通过使用当地的葡萄以及在更恶劣的环境中生存下来的本土葡萄来解决。这与现代的选择性育种计划相差甚远，但我们可以把这些活动看作是今天所知道的诸多葡萄酒葡萄品种发展的第一步。

罗马帝国的灭亡对葡萄酒的传播和葡萄酒贸易产生了重大影响。"黑暗时代"和封建制度限制了贸易，隔离了许多葡萄酒产区。正如我们将看到的，欧洲的城市化最终改变了葡萄酒贸易的地理位置。然而，直到文艺复兴和大航海时代，葡萄酒才开始在欧洲以外地区传播。这种结局与封建主义的终结、帝国的重生，以及他们的权力跨越大洋的扩张紧密相关。

葡萄酒与政治地理学

从希腊和罗马的历史中我们可以看出，葡萄酒地理与政治地理和殖民有很大的关系。只要能控制有价值的商品市场的生产者数量，就有可能产生一些有趣的贸易关系。这对于葡萄酒来说尤其如此。主要的葡萄酒消费者经常发现自己处于不稳定的贸易关系中，他们从不可靠的政治盟友甚至政治对手那里购买葡萄酒。在任何一种进口关系中，如果有一种非常受欢迎的产品，而生产商的数量有限，那么出口商就可以自由地按照他们认为合适的条件来决定价格，如同当今的石油输出国组织（OPEC）和世界主要石油进口国之间的关系。无论是过去几个世纪的葡萄酒贸易，还是今天的石油贸易，大国都不喜欢面临贸易禁运、价格欺诈或贸易伙伴的政治冲动的风险。

以OPEC为例，我们可以说，石油的经济影响迫使各国对OPEC成员国的态度有所不同。拥有他人迫切需要的资源会给你一定程度的权力。诚然，历史上政治从来没有被葡萄酒统治过，但不断变化的联盟和军事冲突影响了葡萄酒贸易。新的盟友意味着新的葡萄酒来源。政治冲突导致葡萄酒禁运、更高的葡萄酒关税和价格欺诈。早期的强权政治与我们今天所习惯的不同之处在于，它包括殖民主义——一个地方及其人民在政治、军事和经济上被另一个国家及其人民征服。它的动机是殖民国家的经济、军事和/或政治利益。400年来，主要的欧洲列强尽其所能地吞并了很多领土。这样做的过程中，他们与邻居竞争，并企图兑现新土地提供的所有资源机会的资本化。

在某些情况下，葡萄酒确实陷入了国际权力关系的夹击。虽然葡萄酒不是殖民主义的直接原因，但殖民主义对葡萄酒的影响却是巨大的。殖民主义在全球范围内扩大了葡萄酒生产。尽管葡萄酒的传播只是殖民主义的副产品，但现代葡萄酒生产版图却是

500多年殖民主义的直接结果。

虽然殖民扩张的细节可能相当复杂，但当它们涉及葡萄酒时，就相当简单了，只取决于殖民势力是否是葡萄酒生产商。

殖民地居民总喜欢带着家乡的物件，葡萄酒生产商喜欢把葡萄种植和葡萄酒带到殖民地。作为居民日常生活的主食，葡萄酒是代表他们身份的重要部分，拥有葡萄酒和葡萄有助于殖民者在新环境中有宾至如归的感觉。在殖民地，他们自己的语言，以及来自家乡的食物、建筑和有形物品，容易让他们想起家乡。今天，这些殖民生活的许多特征仍然清晰可见，可以在地方、建筑、语言和文化中看到它们。

在殖民地，从家乡获取葡萄酒并不总是那么容易，经济成本也很高。因此，殖民地的葡萄酒生产是受需求驱动的，或者说从殖民者本国进口葡萄酒的高成本驱动的。满足当地对葡萄酒的需求也给了殖民地居民个人——至少是那些有种植葡萄和酿酒经验的人——一种有潜在丰厚利润的经济作物。如果有任何生产葡萄的方法，可以肯定的是，殖民者一定会找到它。

当然，这基于殖民者被允许种植葡萄的假设。毕竟，殖民的目的之一就是为殖民者家乡的人赚钱。自给自足的殖民地会适得其反，因为降低了收益。那些自己种植葡萄和酿酒的殖民者决不会从本国购买高价葡萄酒，更糟糕的是，殖民者可能非常擅长种植葡萄和生产葡萄酒，他们甚至想将殖民地种植和生产出来的葡萄酒卖给本国。通常情况并非如此，但如果环境合适，这是一种可能性。

葡萄栽培被认为是有利可图的，因此对于本身不是葡萄酒生产商的殖民国家来说，殖民主义是一种获得适合葡萄栽培生长条件的土地的手段。只有气候的限制才能解释为什么消费大量葡萄酒的英国人和荷兰人自己并不是葡萄酒生产商。作为重要的葡萄酒消费者和微不足道的葡萄酒生产商，他们成为了当时最大的葡萄酒进口商。因此，他们一直有兴趣建立能够将葡萄酒出口回本国的殖民地。他们的努力从未完全成功，但他们确实尝试过。

作为殖民主义的结果，葡萄栽培和葡萄酒生产扩散到全球各地。从某种意义上说，这是一次伟大的地理实验。来自葡萄酒生产国的殖民者试图在殖民地生产葡萄酒。与此同时，非葡萄酒生产国的殖民者们在殖民地四处寻找可以让他们在葡萄酒贸易中分得一杯羹的位置。在此过程中，一些了不起的成功经验在今天的葡萄酒商店中仍然有迹可循，那些微不足道的失败早已被历史遗忘。

殖民与葡萄酒

"在大英帝国的领土上，太阳永不落下。"这句话是殖民主义成功的证明。在大英帝国的鼎盛时期，它的领土非常辽阔，以至于大英帝国版图下总有一个地方是白天。虽然英国人统治了地球表面的大部分地区，但他们没有做到一件事——消除对进口葡萄酒的依赖。想想今天的葡萄酒地图，以及它与过去英国殖民主义的关系。南非、澳大利亚和新西兰是主要的葡萄酒生产国，他们是仅有的在气候上能够生产大量葡萄酒的重要英国殖民地，但这些国家的葡萄酒生产直到最近才在世界市场上具有竞争力。即使他们曾有能力生产足够多的葡萄酒来满足维多利亚时代英国对葡萄酒的需求，但将葡萄酒推向市场的成本过高。从地图上就可以一目了然，欧洲的葡萄酒生产国要近得多。假设英国没有与欧洲开战，那么从欧洲进口葡萄酒要比从遥远的殖民地进口便宜得多。

英国人和葡萄牙人之间的持续关系很好地说明了在离家更近的地方寻找葡萄酒供应的好处和责任。1580年，西班牙吞并葡萄牙。当时，英国与西班牙不和，两国之间的贸易受到影响。英国企业家开始进军葡萄牙，葡萄酒贸易扩大。在英国内战期间，葡萄牙人错误地选择支持查理一世，查理一世被上断头台后，葡萄牙葡萄酒贸易遭受重创。1678年，英国与法国交恶，英国与葡萄牙关系缓和，葡萄牙葡萄酒出口增加。1703年，葡萄牙人与英国人和荷兰人结盟，从中受益更多。拿破仑战争和法国的经济霸权暂时切断了葡萄牙对英国的出口，直到葡萄牙被英国占领。到了19世纪50年代，由于港口价格高昂以及与西班牙关系有所改善，英国人开始放弃港口，转而青睐雪利酒。本书难以将英国和葡萄牙近400年历史的详细叙述，此段历史阐释了错综复杂的欧洲历史如何影响葡萄酒等大宗商品的贸易模式。

南非与智利

对于18世纪和19世纪的欧洲超级大国来说，南非是一个关键的战略位置。它拥有天然的海港，特别是开普敦，海军势力可以控制从好望角到印度洋的贸易。这导致荷兰人建立开普敦殖民地。很快，荷兰人被英国人取代，英国人把他们的殖民地从海岸线延伸到资源丰富的内陆地区。

开普敦附近的土壤和气候条件与法国南部相近。温暖的天气、大西洋的温和影响，以及免受内部干燥风的保护，使它成为一个明显的生产葡萄酒的地方。今天，该地区盛产优质的欧洲葡萄品种。然而，荷兰和后来的英国殖民者并不擅长葡萄酒生产，所以南非葡萄酒生产的历史是一个有趣的地理研究。就像马德拉岛一样，早期开普敦殖民地的葡萄酒生产商在地理位置上确实有一些优势。绕过好望角的欧洲船只在海上已经航行了很长时间，开普敦港口成为提供淡水和其他供应品（包括葡萄酒）的最佳停靠点。葡萄酒生产商的优势在于，他们几乎可以把任何东西卖给过往的船只。不然，他们还能去哪里买呢？所以，不管他们的酒品质如何，总有人会买。荷兰人，以及后来的英国人倒是都没想过要出售质量可疑的葡萄酒。他们希望在葡萄酒贸易中赚钱，并找寻从法国进口的替代品。

这就是文化地理与殖民主义讨论的关系所在。当我们在地理上谈论移民时，我们谈论的是人的流动，以及人带来了什么。当荷兰人和英国人到达今天的南非时，他们带去了他们的文化、语言、经济体系和技术知识，但并没有带去太多的葡萄酒专业知识。这并不是因为他们对此不感兴趣。相反，作为一个有潜力的赚钱领域，他们非常感兴趣。但是，开普敦殖民地的气候与英国或荷兰的气候大不相同，那里是海洋气候凉爽，水被认为是一种无限的资源。而在开普敦，气候干旱和不熟悉的作物搭配是一个真正的挑战。今天，他们已经克服了各种挑战，但确实花了很长时间。

在英国统治海洋的一个世纪之前，世界上最大的殖民国家是西班牙。西班牙在新大陆的殖民地是其巨大的财富来源。作为一种确保财富和管理殖民地的手段，西班牙人完全按照《殖民法律》（Laws of the Indies）行事。西班牙本国人刚刚从几代人与摩尔人的战争中走出来，需要钱，他们十分渴望能够分享得到新大陆的财富。他们还要严格控制那些被派去征服新殖民地的野心勃勃的人。一旦土地和人被征服，可实施、可发展的殖民地环境需要被保障，当地人需要皈依基督教。

西班牙人在殖民化方面非常有条理。西班牙在对西半球大部分地区的殖民统治期间，将葡萄酒生产带到了新大陆。葡萄酒是他们饮食的一部分；他们是天主教徒，葡萄酒又是他们宗教活动的一部分。可是殖民地距离西班牙本国的葡萄酒产地很遥远，因此往返西班牙的时间成本和运输成本成为了在殖民地生产葡萄酒的动力。不幸的是，许多西班牙殖民地的气候并不适合葡萄酒生产。

西班牙大部分殖民地的热带气候本应为支持葡萄酒生产的地区创造一个有利可图的市场，在殖民地之间建立起贸易网络。但是由于西班牙管制贸易的方式，事实并非如此。即使独立后，葡萄酒产区也主要服务于当地市场。从西班牙前殖民地在国际葡萄酒市场上的缓慢崛起可以看出这一点的重要性。

在西半球，有一些前西班牙殖民地的气候具有大量生产葡萄酒的潜力，主要是智利和阿根廷。在其他安第斯国家和墨西哥也有适合葡萄酒生产的气候地区。阿根廷的葡萄酒产量正在增长，但它和其他前西班牙殖民地生产的葡萄酒仍主要为当地消费者服务。

在这些殖民地中，只有智利是向世界出口葡萄酒的主要生产国。作为地理学研究者，我们不仅对地方之间存在的联系感兴趣，也对孤立地区发生的事情感兴趣。一个地区或一个国家可能被孤立的原因有很多，我们既关心被孤立的原因，也关心被孤立的影响。由于智利长期以来在地理和政治上与世界葡萄酒市场隔绝，作为葡萄酒殖民扩散的产物和一个孤立的葡萄酒生产国，它是一个特别有趣的研究对象。

智利沿着南美洲的西南海岸延伸，为西班牙殖民者提供了多种多样的气候条件。在遥远的北方，经过安第斯山脉的东风会产生强烈的雨影效应。在那里有阿塔卡马沙漠，是地球上最干燥的环境之一。在智利的最南端，巴塔哥尼亚的气候与南美洲任何一个地方一样寒冷、不适宜居住。首都圣地亚哥位于智利相对中心的地理位置。在圣地亚哥北部和南部的山谷中，寒冷的沿海洋流、西风、沿海山脉和内陆山谷形成与加利福尼亚北部相似的气候。与加利福尼亚州一样，圣地亚哥周围的山谷以及阿根廷门多萨省安第斯山脉东侧的山谷也已成为重要的葡萄酒产地。

在殖民地智利生产葡萄酒对当时的西班牙来说很重要，因为智利与西班牙的葡萄酒产地和欧洲其他地方的葡萄酒市场几乎是完全隔绝的。仅仅从圣地亚哥的港口城市瓦尔帕莱索到达布宜诺斯艾利斯，就需要航行近2000英里（约3200千米），还需要航行通过美洲大陆南端的合恩角的危险水域。从西班牙运输葡萄酒的距离，以及由此产生的高昂成本和有限供应，促使殖民地重视葡萄种植和葡萄酒生产的知识。

智利与欧洲和北美葡萄酒产区的距离，以及它与其他国家和地区隔离成为该的葡萄酒生产的优势——与摧毁欧洲和北美酿酒厂的生物威胁隔离开来，比如根瘤蚜、白粉病从未到达过智利。不幸的是，它也阻止了智利葡萄酒生产商好好利用其更好地全球化。尽管智利于1810年脱离西班牙的统治独立，但其葡萄酒生产商仍然不得不面对地理位置形成的被孤立的经济现实。脱离了主要市场，智利的葡萄酒生产逐渐适应满足当地的需求和口味，这是孤立地区的典型商品生产模式。

在葡萄酒和政治地理的故事中，智利和南非有很多共同点。殖民主义带来了葡萄酒生产，而地理位置的隔离抑制了它的发展。直到1990年，两国还与欧洲和北美的葡萄酒消费者处于某种社会政治上的孤立状态。1990年，奥古斯托·皮诺切特将军卸任智利总统。他在政变中当选总统，推翻了当时信奉马克思主义的萨尔瓦多·阿连德·戈森斯（Salvador Allende Gossens）总统，导致数千名持不同政见者死亡，数万人遭受酷刑。同样在1990年，南非总统德·克勒克（F. W. de Klerk）下令从监狱释放纳尔逊·曼德拉（Nelson Mandela），并于1994年正式开始结束种族隔离的进程。随着这些变化，智利和南非的葡萄酒获得了以前缺乏的社会接受度。

社会接受度、外国投资、熟悉的品种和质量的提高使智利和南非的葡萄酒能够走出本地迈向全球市场。这也得益于运输的改进，大大降低了将葡萄酒推向国际市场的时间和成本。由于智利和南非的劳动力成本相对较低，他们可以以低于大多数葡萄酒竞争对手的价格出售葡萄酒。虽然智利和南非可能没有其他葡萄酒生产国的声誉，但是他们出口的葡萄酒品种繁多、成本相对较低，使他们的生产商拥有营销优势，更容易走入国际葡萄酒消费者的视野。

第十一章　城市化与葡萄酒地理

　　葡萄酒行业发展到今天的程度，很大程度上是城市化和工业革命的产物。殖民主义将葡萄酒带到了地球的遥远角落，但城市化真正将其变成了一个产业。城市化和工业革命从根本上改变了我们的生活方式、生活地点和谋生方式。在葡萄酒和葡萄酒工业方面，他们将葡萄酒从园艺和本地易货领域转变为工业问题和全球贸易的对象。

虽然葡萄酒在第一个城市出现之前就已经存在，但城市化促进了现代葡萄酒工业的发展。城市的发展成就了想要葡萄酒却无法生产的人群。居住在城市的人们与土地以及食品和饮料的生产都脱节了。城市化创造了葡萄酒消费社会，因此葡萄酒生产商能够利用工业进步、交通改善和不断增长的科学知识来增加产量，满足城市对葡萄酒的需求。

城市化和葡萄酒贸易

葡萄的种植地和葡萄酒的生产地有很大的环境限制。在不能生产葡萄的农业区，人们可以通过生产葡萄酒以外的东西（啤酒、苹果酒或烈酒）来满足人们对酒精的渴望。然而，那些真正喜欢葡萄酒的消费者如何获得葡萄酒呢？酒商如何将商品送达到少数分散的消费者手中，同时还能获得利润呢？在中世纪的欧洲，答案是市集（fairs）。

今天，我们大多认为fairs是游乐场，是带孩子们娱乐的地方，可以看农场动物，吃各种油炸食品，骑看起来不那么安全的游乐设施。现在的fairs是娱乐性的。几百年前的fairs更像是市场，是关于交易的。每年一次，商人们会来这里出售他们的商品，并向当地居民提供非当地生产的商品，包括葡萄酒。遗憾的是，如果消费者打算一次性储备一年的葡萄酒量，集市这种形式不利于销售规模数量大的葡萄酒。鉴于糟糕的交通状况，单纯把葡萄酒运送到市集都是一个难以克服的困难。

随着人口的增长，市集变得频繁；季节性的市集演变成每周一次的市集。如果人足够多，每周市集就会演变成永久商业场所。这种演变对运输成本和商人的利润率产生了巨大的影响。商人可以只去一个城市，而不必去当地的小村落和村庄，不用再去乡下的农民那里，所有人都到某一个城市交易。

对于商人来说，这意味着他们可以通过将产品集中运输到一个地点以节省成本。从经济上讲，更频繁发货是可行的。人口增长使人们可以从市集的季节性采购葡萄酒演变为从城市商人那里日常采购。

值得注意的是，并不是所有的村庄都发展成了城市。发展往往需要一些配套硬件设施，比如良好的交通条件。运输便捷降低了贸易的复杂程度，增加了潜在利润。最终市场、仓储和市政厅等永久性贸易基础设施迅速发展，商人和金融资本家大量增长。这不仅适用于葡萄酒，也适用于其他贸易商品。

人口增长和城市化对葡萄酒贸易有其他益处。城市里，人们无法自己酿酒，只能靠购买。对于那些能够将产品推向市场的生产者来说，这意味着更多的消费者和更多的利润空间。既然人们无论如何都要买酒喝，他们除了购买本地啤酒，很有可能还会买其他的商品，也可能会买更多的酒。

如果我们将这一过程投射到有新兴城市的整个社会，其影响将被放大。贸易成为一个国家关心的问题，因为它涉及大额金钱交易。因此，贸易成为国家间条约的主要问题和冲突原因。随着技术进步，技术使贸易更易达成、利润更高。运河和铁路成为促进贸易和创造财富的理性投资。城市化的影响扩大到了整个经济体。

回到之前讨论的将葡萄酒出口到城市市场的地区。无数的小生产者生活在村庄里，他们自给自足，本地市场的需求又有限。外部需求创造了可以利用的潜在利润空间，这为生产者提供了增加产量所需的资本。只要有足够的时间，当地小生产者就会从主要为本地市场服务转向主要以出口市场为主的大生产商。

然而，出口葡萄酒的愿望并不等同于出口葡萄酒的能力。单一生产者，即使是某个大型生产商，也无法自行生产足够的葡萄酒，实现经济出口。没有运输船、没有储存设备或运送葡萄酒到储存设备的方式，即使能够批量生产葡萄酒的生产商也无法独立出口。建设港口和贸易基础设施需要大量的人力和资本投资。在城市，这些必要的资源和设施是可获得的。通过建立规模经济（大规模设施生产的经济效益），城市可以为葡萄酒生产商提供显著的贸易优势，即赚取更多利润。这样一来，城市就成为葡萄酒生产商网络的出口点，也成为将商人、金融资本家和运输商网络在一起的平台。

勃艮第

随着欧洲大陆越来越城市化，欧洲的许多葡萄酒产区蓬勃发展。勃艮第是一个引人注目的案例。与波尔多和波尔图成功地将葡萄酒贸易与城市化联系起来的故事不同，勃艮第是在远离法国不断发展的城市中心取得成功的。

勃艮第距离巴黎不到200英里（约320千米），而几个世纪以来巴黎都是法国最大的城市。如果酿酒师能生产出好酒并运到巴黎，自然就能获得丰厚的利润，所以进入巴黎葡萄酒市场是非常重要的。对于那些不想把产品运到巴黎勃艮第的酿酒师来说，里昂位于巴黎以南100英里（约160千米），那里的纺织业发展正盛。那么，为什么勃艮第没有与城市葡萄酒市场关联？需要注意的是，直到19世纪中期，水运仍是将货物运往市场的主要手段。这对勃艮第影响很大，它的水上贸易是通过罗纳河及其支流向南进行的。虽然勃艮第地理上接近巴黎，但它的交通网络是向南的。任何从勃艮第运往巴黎的葡萄酒都必须经过陆地，然后才能装船，顺着塞纳河运到巴黎。陆地（高）运输成本和更强船舶载荷力的需求要求运河建设，其中就包括勃艮第运河。在运河建成之前，陆地（高）运输成本，勃艮第葡萄酒价格自然高于竞争对手。

就巴黎葡萄酒市场而言，夏布利、香槟和卢瓦尔满足了绝大部分的消费需求。显然，地理再一次发挥了关键作用。显而易见，夏布利和香槟更有优势，它们位于塞纳河的支流上；两地的葡萄酒可以直接装上驳船顺流而下到达城市中心。卢瓦尔河稍微复杂一些，它没有支流直接与巴黎相连。卢瓦尔河谷的生产商最终通过布里亚尔运河抵达巴黎。布里亚尔运河在技术设计上很简单，运河地势相对平坦，是连接卢瓦尔高产农田和巴黎消费者的重要纽带。施工便捷性和工程重要性促使布里亚尔运河在17世纪完工。勃艮第运河通航将勃艮第与巴黎联通起来。但与布里亚尔运河不同，勃艮第运河技术设计复杂，造价昂贵，修建了将近200

年才竣工。经由布里亚尔运河与巴黎相连，意味着卢瓦尔河谷的酒商可以将大量葡萄酒送达到高速发展的消费市场。因此，勃艮第必须寻找一个不同的方法。

勃艮第葡萄酒商人的另一个选择可能是里昂。水路帮助勃艮第葡萄酒顺流而下抵达里昂，非常容易。对于勃艮第南部的马孔（Mâcon）和博若莱（Beaujolais），这确实是一个可行的选择，因为它们地理位置靠近里昂。但对大多数勃艮第葡萄酒生产商来说，尤其是在金丘地区，里昂市场规模小，竞争激烈，对勃艮第葡萄酒商来说，巴黎仍然是最有吸引力的消费市场。

无法到达大城市的勃艮第葡萄酒商该如何销售他们的产品？他们必须找到一个新的市场，或者找到一种把产品运到那里的新方法。找寻一个新市场是不可能的。勃艮第葡萄酒走向市场最终还是通过勃艮第运河的建成通航。那么，在1822年之前，在没有其他市场和运输方式可供选择的情况下，勃艮第葡萄酒商们又做了什么呢？面对或是选择退出这个行业，或者选择改良产品以解决运输的困境，最终，他们制定了一个全新的、直到今天仍然有效的营销策略：进军高端市场。

在大众市场上，价格是生产者销售产品能力的决定性因素。对于运输成本高的生产商来说，这是一个重大问题。当运输成本远高于竞争对手时，如何竞争？当大众市场上的竞争不具有竞争力，一些生产商选择高端市场，即只生产少量的高价值产品。这有两个好处。首先，运输更容易，因为运输的体积重量更小；其次，通过创造更高质量的产品，生产者可以向质量更高、成本意识更低的消费者营销。更高价格出售可以抵消销售量少。在葡萄酒领域，高端产品意味着不与其他生产商竞争大众市场。他们所做的就是将时间、精力和金钱投入到高端产品中：针对富裕的高端消费者，销售数量少价格高的葡萄酒。运输成本与葡萄酒产品一起由成本意识较低的高端客户买单。这就是勃艮第葡萄酒生产商克服地理位置孤立但能进入城市市场的营销策略。

勃艮第是研究葡萄酒地理的好地方，因为很少有地方能提供如此多的葡萄酒品种和多变的生产环境。勃艮第的多样性部分在于它真的不仅仅是一个葡萄酒产区。勃艮第葡萄酒的重点区域是金丘的狭长地带，但还包括北部的夏布利（Chablis），以及南部的夏隆丘（Côte Chalonnaise）、马孔（Mâconnais）和博若莱（Beaujolais）地区。各不相同的每个地区共同创造了勃艮第葡萄酒的多样性。

夏布利、马孔和博若莱的相似之处在于都是单一栽培的葡萄。在那些土壤适合生产葡萄酒的地区，葡萄园占主导地位。即便如此，这些地区看起来还是有所不同。在金丘，沿着一条朝东南的山脊线，你会发现黑皮诺和一些霞多丽。夏布利的主要葡萄品种是霞多丽，产于一排排主要南向的山坡上。这两种情况下，都可以发现葡萄园所在地的小气候和地质的影响。在马孔主产也是霞多丽，但葡萄园往往位于高地，并被许多小村庄点缀。在博若莱，佳美葡萄（gamay grape，没有葡萄架）到处都是。夏隆丘是一个不寻常的地方，这里是葡萄混合种植区，没有单一的葡萄品种的栽培。如果你是一个农业景观的爱好者，这里是一个非常美丽的地方。

勃艮第地区的独特之处还在于其历史。夏布利位于塞纳河的支流上，这为它通往巴黎市场提供了便利。博若莱位于罗纳河支流上，因此可以进入里昂市场。由于陆地运输成本高昂，又没有便捷的河流通往主要城市市场，因此金丘无法直接与邻地竞争，如果把他们的酒拿市场上去卖只会增加成本。金丘并没有朝着高产量、低成本方向发展，而是走向了低产量、高质量、高成本的方向。高品质葡萄酒吸引了愿意支付更高价格的消费者，这使得勃艮第葡萄酒的高品质（和更高价格）声誉一直延续到今天。

如果我们将勃艮第与法国另一个著名的葡萄酒产区波尔多进行比较就会发现，勃艮第的葡萄酒景观远不仅仅是地貌和河流。波尔多地区以其大型生产商和城堡葡萄园而闻名。当购买波尔多葡萄酒时，我们购买的是出产于同样的城堡葡萄园的葡萄酒。在勃艮第，情况并非如此。勃艮第的葡萄园要小得多。一方面是气候和地质条件限制了葡萄园的种植面积，另一方面是法国大革命后土地重新分配的结果。鉴于葡萄园的规模和葡萄酒生产的成本有限，将葡萄酒生产与葡萄种植分离是有经济意义的。这些葡萄园与路易斯·贾多（Louis Jadot）和路易斯·拉图（Louis Latour）等专业酿酒师（或酒商）有联系。与波尔多的大城堡葡萄园不同，勃艮第有许多小葡萄园，向城镇中的生产者出售葡萄。从视觉上看，这种安排让勃艮第更具传统的乡村风格，吸引游客前往生产葡萄酒的小镇。

城市化面临的问题

欧洲城市化建立了葡萄酒贸易的新格局。随着时间的推移，城市化模式却发生了变化。200年前，城市密集而紧凑。即使是最大的城市，面积也是步行可达。那时候还没有汽车和通勤铁路。今天，城市是巨大的、不断扩张的地方。即使在城市人口稳定的地方，城市也在迅速向外扩张。对葡萄酒爱好者来说，城市的发展以牺牲农业和葡萄种植用地为代价成为了新的问题。

随着城市的扩张，城市迅速吞噬农业用地。大型农场或葡萄园为开发商提供了大规模建造，赚取超高利润的机会。农业用地往往是平坦的，排水良好，易于重新开发用于住房、零售和其他城市土地用途。对开发商来说，在大片土地上建房要比购买诸多小块土地进行开发更便宜，也更容易。随着这一过程的继续，周围房产价值上涨，最终导致大片土地被开发。即使现在的农民（或酒商）不想出售土地，土地价值增值意味着他们的子女恐怕也不得不卖掉土地来支付资本收益或遗产税。结果导致基本的农田数量减少了。

即使葡萄园仍在运营，想要扩大经营成本也是巨大的。城市和郊区的居民会反对附近农场使用化肥和杀虫剂，抗议动植物排泄物的气味以及农业机械引起的噪音。即使葡萄园与其邻居关系甚好，葡萄藤的蔓延生长也会降低景观的视觉吸引力。毕竟，在自然环境下葡萄园可能是迷人的，浪漫而有吸引力。当同样的葡萄园被房屋、快餐店和汽车旅馆包围时，这种浪漫感就会大打折扣，甚至消失殆尽。

城市扩张对葡萄酒生产的影响在勃艮第算不上是一个问题，但在波尔多市附近地区影响就比较明显。在欧洲，地方政府对土地的使用有很大的控制权。在美国，则要弱得多。因此，在诸如北加利福尼亚等快速发展的大都市附近地区，城市扩张对葡萄种植构成了严重威胁。城市发展曾经推动了葡萄酒行业的发展，如今却威胁了该行业的健康发展。

第十二章　经济地理和葡萄酒

　　如果你和我一样，你可能也在各种类型零售店中购买葡萄酒。虽然我有最喜欢的商店，但是我买的很多葡萄酒几乎都可以在任何一家卖葡萄酒的商店中——烟酒专卖店、杂货店、仓储式商场

的散装食品区——找到。

这看起来好像没格调或理由，但实际上，销售的东西尤其是销售地点，是有原因和模式的。这两个因素对企业的利润额都很重要。只要企业以利润为目标，地理位置就会是一个重要的考虑因素。这就像前面章节讨论过的修拉的画——近距离看都是无意义的点；如果退一步，从更广阔的视角来看这幅画，那些点就形成了可识别的画面。这就是零售业的地理位置。我们只是习惯了把鼻子贴在玻璃上近距离观看。

零售地理学是经济地理学的一个子集。与其他类型的经济地理不同，零售地理是我们非常熟悉的日常。你肯定买过葡萄酒。你可能去过酒类商店，也可能参观过酿酒厂，这就对零售地理有了第一手的体验。我们只需要退后几步，再看看和理解谁在卖酒、在哪里卖、卖什么。

在理解葡萄酒零售及其地理位置的过程中，第一步是理解利润和亏损。当我们观察某一零售业务时，我们可以确定一个能使其盈亏平衡的数值，称为阈值。从阈值可以延伸到客户，这时，阈值从一个货币单位演变为各个客户。一个葡萄酒商店的阈值直白地说就是商店必须吸引到的付费客户数量，来实现收支平衡。

为了确定葡萄酒商店利润和损失的地理位置，我们还需要一条信息：确定商店的市场区域。市场区域是商店最便宜的购物地点。虽然有时也有例外，但这里假设，我们会光顾那些以最好的价格提供我们想要的商品的商店。假设我们以一种经济理性的方式行动，就可以确定我们最喜欢的葡萄酒商店的市场区域。可以将价格与其竞争对手进行比较，查看顾客到大商店的交通费用，我们可以得出与顾客所在位置的非常接近的近似值。在这里，我们跳到损益计算：市场区域是否有足够的稳定葡萄酒客户维持商店的营业？客户的阈值人口是否在市场区域内？如果市场区域的客户数量超过了实现盈亏平衡所需的数量，那么我们就有了地理意义上的利润。如果市场区域的客户太少，我们就会亏损。

除了从地理意义上的考虑盈亏之外，我们还可以观察正在销售的商品以及它们如何影响购买模式。我们把商品分为便利品（convenience goods）和选购品（shopping goods）；选购品是指我们购买的价格最好、质量最好的商品。这些是生产商和/或型号之间存在很大差异且成本较高的商品，例如汽车和主要电器。便利品是那些成本较低、经常购买的商品，生产商之间几乎没有差别，购买后立即获得，例如牛奶。我们可能需要乘坐交通工具很长一段时间才能购买到选购品；零售商之间可能存在很大的价格差异；提供的服务水平可能存在差异；还有可能并不是所有的当地零售商都有我们想要的，例如我们想要一辆奔驰，丰田店肯定不行。我们通常尽量在离家近的地方买便利品。为了买一加仑牛奶，为什么要去比街角商店更远的地方呢？

葡萄酒比较难以定义，因为它既是一种便利品，又是一种选购品。有些酒，价格昂贵，且生产商与生产商之间以及年份之间存在显著差异，我们愿意乘坐很久的交通工具去购买。有些酒价格便宜，差别不大，我们去最近的烟酒商店够买我们所需要的即可。作为便利品的葡萄酒和作为选购品的葡萄酒之间的分界线并不分明，只因消费者而异。

基于这样的认识，我们可以看看葡萄酒零售商，了解他们销售葡萄酒的方法。专业的葡萄酒商店将葡萄酒作为选购品出售，它零售其他供应商不具备的葡萄酒，还储存各种普通的佐餐酒、啤酒和烈酒。那些想买比普通葡萄酒更好的顾客可能会绕过各类供应商，去专门商店购买葡萄酒。优质的服务、经验丰富的员工、品酒和其他活动都可以增加商店的形象和吸引力。专卖店的价格可能更高，但通过吸引更广泛区域的顾客弥补这一点。鉴于他们销售葡萄酒的方法，他们的市场领域将与附近的酒类商店重叠。

附近的酒类商店把葡萄酒作为便利品出售，并不专门生产葡萄酒。相反，它提供各种快速下架的酒品。如果我们需要一瓶葡萄酒，且不挑剔，附近的酒类商店都能满足需求。我们对白葡萄酒的选择可能仅限于霞多丽，但如果这就是我们所需要的，就没有必要走得更远了。附近的酒类商店的市场面积可能很小，但如果该地区的顾客数量多，业务可能会非常成功。

介于专业的葡萄酒商店和附近的酒类商店之间还有一种零售商，叫作杂货店。在一些允许食品杂货店销售葡萄酒的州，这些商店主要备作为便利品的葡萄酒，也备部分高端葡萄酒，因此比附近的酒类商店更具竞争力。他们不会在选择或服务方面与专业的葡萄酒商店竞争。杂货店的销售策略是价格低且易于购买。杂货店出售的其他品类数量足够大，可以压低葡萄酒的成本。由于连锁杂货店批量购买，还可以利用与葡萄酒分销商的交易，低价竞争对手的价格。即使价格相同，在购物的过程中随手拿起一瓶葡萄酒也会让杂货店更具竞争优势。凭借其销售策略，杂货店将占据葡萄酒市场的中间部分。由于一个地区的葡萄酒客户数量有限，而大部分客户都属于中间市场，这使得市场的高端或低端零售商变得非常困难。

　　一个主要的零售商对当地葡萄酒市场的影响是显著的。如果纯粹的便利市场足够发达，附近的酒类商店也许能够生存下来，靠卖酒赚钱。如果该地区有足够多的客户支持某一家专业的葡萄酒专卖店，它也可以与一杂货店共存。然而，要想在杂货店主导的市场中打败它几乎是不可能的。因此，杂货店可能最终成为小镇或村里唯一的当地葡萄酒零售商。事实证明，这种方法不仅在葡萄酒销售方面取得了惊人的成功，在整个零售业也是如此。许多人对零售业的仓储式经营模式持负面看法。

葡萄酒、中心地理论互联网

　　现实中，葡萄酒零售商形形色色。了解他们的地理位置需要相当多的当地知识。一般来说，人们会去最近的可以买得到的购物地点。价格可以通过使某些购买地点比其他地点更具吸引力来影响这种模式。人口多可以迫使产品销售更加专业化。如果城镇的人口太少，当地零售商无法提供产品，消费者就必须到更大的城镇去寻找他们需要的东西。

　　上述的零售地理基础不仅适用于葡萄酒，也适用于其他种类的产品和服务。人口、社区和产品/服务的可用性之间的这种联系被称为中心地理论（CPT）的核心。该理论试图基于人口和零售服务提供的问题来解释景观上的社区模式。CPT由德国城市地理学研究者克里斯塔勒提出，他在20世纪20年代末研究了德国北部的人口、社区和产品/服务的可用性之间的联系。他的研究在德国北部等地势平坦且人口分布相当均匀的地方被反复应用。在这样的环境中，人口的均匀分布和景观变化的缺乏形成了一个非常有组织的社区模式。

虽然CPT最适合研究大平原地区的城镇模式，它也可以应用于葡萄酒零售模式。想象一张当地的地图。最小的村庄和城镇可能有一个单一的零售商，只提供基本的葡萄酒。他们没有足够的人口来支撑更多的商品。地图上较大的城镇可能有足够多的人口支持多个零售商，甚至可能有一些专门的零售商。这些城镇将成为那些在小镇上找不到他们想要的葡萄酒的人的目的地。这就是葡萄酒的中心地点理论。它并不总是完美地工作。如果你住在一个小镇，碰巧有一家大的、库存充足的葡萄酒商店，那么你就可以把自己当成一个幸运的例外。

在了解我们购买葡萄酒的方式和地点时，要认识到我们谈论的是现代零售世界。这个世界经历了一些令人难以置信的变化时期。只要想想葡萄酒市场和我们购买葡萄酒的方式在过去30年里是如何演变的就知道了。如果我们回顾几百年的零售历史，变化则是巨大的。

在所有已经发生的变化中，从地理角度来看最重要的是互联网零售。距离是地理学中的一个重要概念。考虑到旅行和交通费用，你与其他地方的距离越远，即使你了解那个地方，你去那里的可能性就越小。克服距离阻力是我们许多最基本的人类行为地理模型的组成部分。一些人认为，互联网消除了距离阻力，使地理变得不那么重要。另一些人则认为，互联网让地理变得更加重要，因为它让人们能够看到和品味这个世界提供的东西，以及地方之间的差异；它为我们提供了地点和葡萄酒的信息，否则我们可能无法获得这些信息。从某种意义上说，互联网把每一个葡萄园都放在了我们的后院。即使我们不能在我们居住的地方直接在网上下单购买，也可以通过互联网获得的知识直接找到我们最喜欢的葡萄酒零售商。举个例子，假设我们当地的葡萄酒零售商通常不销售任何来自奥地利的葡萄酒。在互联网上，我们可以找到奥地利克雷姆斯（Krems）和朗根洛伊斯（Langenlois，维也纳西北部非常美丽的乡村）附近的瓦豪（Wachau）、坎普塔尔（Kamptal）和克雷姆斯谷（Kremstal）葡萄酒产区的网站。如果我们真的想尝一尝该地区特产格绿斐特丽娜（Grüner Veltliner），我们可以在网上购买，或者去我们最喜欢的葡萄酒商店，让他们为我们订购。互联网让我们可以在世界各地购物。

尽管互联网对葡萄酒行业产生了很大的影响，但并没有让本地的葡萄酒零售商倒闭。即使我们可以在网上购买葡萄酒，本地零售商还是提供了我们在网上无法获得的即时购买服务。本地的葡萄酒零售商也提供其他对我们有价值的商品和服务，例如品酒、面对面的接触以及建议，这些都超出了匿名的互联网服务。当然，这基于本地的零售商提供此类服务。如果没有，并且您有足够的准备时间，那么通过计算机游览葡萄酒世界也可以了解这些服务。

澳大利亚

如果说有哪个地方受益于葡萄酒零售地理的变化，那就是澳大利亚。20年前，你可能很难在当地的葡萄酒商店找到一瓶澳大利亚葡萄酒。今天不是这样了。如果你那里的葡萄酒商店和我这里的一样，它应该有几十种不同的澳大利亚葡萄酒。大多数葡萄酒来自大型酒厂，但小型酒厂的葡萄酒也开始悄悄进入。

澳大利亚葡萄酒越来越多的出现在市场有一些很好的理由。首先，澳大利亚的气候适合种植几乎所有种类的葡萄。此外，许多澳大利亚酿酒师是从欧洲葡萄酒产区移民到澳大利亚的酿酒师的后代，酿酒业已经融入他们的血液。对于那些非酿酒家族的人来说，澳大利亚的教育体系培养出了知识渊博、斗志昂扬的酒商和酿酒师，他们采用了最新的技术。此外，有效的营销和定价，使澳大利亚的葡萄酒商使他们的产品极具竞争力，家喻户晓。尽管澳大利亚与北美和欧洲的消费者地理位置相隔千里，但澳大利亚的葡萄酒却无处不在。

澳大利亚葡萄酒的零售业为处于生命周期增长阶段的产品提供了一个很好的例子。当我们谈论产品的地理扩散时，我们通常使用生命周期作为讨论的基础。在产品生命周期中，产品被引入市场。这种引入开始相当缓慢，市场渗透率有限，许多产品从未经过这个阶段。有些产品因品质量高、应用新技术、定价具有吸引力，或者单纯是新奇的产品，有时能直接成为爆款。它们的销量迅速增长，开始在世界全球市场流行。这就是澳大利亚葡萄酒在产品生命周期中的位置。这些产品质量好、价格合理，采用了最新的技术，销量非常理想，正处于高增长时期。

澳大利亚在产品生命周期中的走向尚未确定。随着时间的推移，即使是最好的产品也会市场饱和，失去新鲜感；消费者可能会继续尝试下一个"新事物"。澳大利亚葡萄酒未来确实有可能达到市场饱和。不过，澳大利亚可以通过新品种的推广和积极的营销改善市场饱和程度。这通常不会发生在食品上，但凡事总有第一次。也许澳大利亚葡萄酒会成功。

澳大利亚的国土面积很大，地形非常多样化，其最北部是热带雨林；中间是地球上最大的沙漠之一。因此，澳大利亚的种植环境相当充分，可以容纳几乎任何葡萄酒品种。困难仅在于如何将品种与适宜之地相匹配，生产出高质量的酒，并获得利润。这个匹配过程包括了解南澳大利亚的气候如何受到西风和冷洋流的影响。澳大利亚大部分地区是沙漠。虽然它可能适合一些世界上最大的牧场经营，但是内陆几乎没有什么优势可以为酒商服务。葡萄种植的重点是沙漠以南沿着海岸线的狭长地带。在澳大利亚西南部的珀斯南部，冰冷的海水吹来的风创造了一个非常适合赤霞珠和设拉子（Shiraz）的环境。再往东，前往阿德莱德（Adelaide）路上，到处都是沙漠。从阿德莱德东北部到内陆地区，该地区盛产霞多丽和黑皮诺等适应较冷气候的葡萄。在南海岸，寒冷的洋流和西风使塔斯马尼亚岛（Tasmania）成为澳大利亚最冷的地区。这些条件使塔斯马尼亚岛成为低温葡萄的理想产地，就像欧洲阿尔萨斯和莱茵河地区常见的葡萄一样。

受洋流及其对澳大利亚气候的影响，几乎所有葡萄都能找到合适的地方。鉴于人口有限且空间广阔，葡萄栽培具有大规模的潜力。这里可能没有波尔多城堡的浪漫（很少有类似炼油厂的综合体），但巨大的酿酒厂是它的经济优势。澳大利亚葡萄酒产量大，单位运营成本低，足以分担运往远离本土市场所增加的运输成本。优质的品质和有竞争力的价格是澳大利亚葡萄酒畅销的原因，这就是为什么今天你很难找到一家不销售优质澳大利亚葡萄酒的商店的原因。

第十三章　东欧地理与葡萄酒

　　就像任何其他经济体系一样，共产主义在景观上留下了印记。东欧的葡萄酒产区更是如此。

　　共产主义改变了我们在经济地理学和解读文化景观中使用的基本假设之一——决策是基于个人及其盈利愿望做出的。共产主义关乎公平和人类境况，关心通过改善健康、教育、就业、住房等来改善所有人的生活。东欧共产主义国家的葡萄栽培和其他形式的农业都归国家所有，对投入、产出、库存都有相应的规划，会制定整体经济发展目标。有些国家的市场经济体系相对封闭。它们优先考虑国内市场，其次是与其他共产主义经济体的贸易，最后才是与非共产主义国家的经济贸易。这导致东欧共产主义国家的葡萄酒生产商与全球市场经济中的消费者脱离。

东欧在共产主义经济体中，中央政府确定长期和短期的生产重点。基于此，确定年度生产目标、制定计划、规划产量。这种体制下，无论遇到什么困难，每个人都会努力达到目标。这个过程中，第一步是中央政府确定经济发展的重点。这与市场体系不同。在市场体系中，人们根据利润潜力来决定生产什么。在实际应用中，重点是重工业、国防和自给自足。这是以消费品为代价的。作为一种消费品，葡萄酒生产一直被认为是低层次的优先事项。因此，它经常不被重视。

东欧建立了庞大的政府官僚机构，造成了自由市场经济学家认为的非正常经济行为。东欧共产主义经济体的分支机构负责生产、分配、人员和研发，以及工人住房、计划执行和资源分配。

在戈尔巴乔夫时代的一段时间里，葡萄酒和所有其他酒类都不被认可。因此，获得酿酒配套的支持在政府经济优先事项排名中最低，得到的资源有限，劳动力短缺。

在这种背景下，葡萄酒商面临生产数量的挑战。生产量少，高品质的葡萄酒在经济利益上对酒商没有太多好处。重新种植已减产或停产的老旧葡萄园会减少当年产量，可能无法完成当年生产任务。为保证生产，新投产的葡萄园通常采用高产葡萄，而不是优质葡萄，造成高品质葡萄与质量较差的葡萄混合种在一起的状况。葡萄品种参差不齐，加上陈酿时间不够（时间长有可能无法完成生产任务），导致葡萄酒口感不佳。这一状况循环往复使葡萄酒行业陷入困境。

东欧共产主义国家在处理农业方面遇到相似的困难。国家对农业用地、种植品种、种植地点、收购价格、产品销售、产品流通等方面行使决策权，苏联尤其如此。在没有生产出比现有产量更多的基础设施之前，解决办法是依靠农业集体化，只能缓解问题。

在市场经济中，工资和利润是产量最大化的动力。付出的多，得到的就越多。东欧共产主义经济中，收入是无差别的，缺乏激励的结果导致农民以最低水平和要求工作，有可能导致生产不足。

自从东欧共产主义衰落以后，农民们被暴露在一个竞争非常激烈的市场中。以前在低生产率环境下工作，可以生产质量较差的产品，现在却只能勉强挣扎，因为产品质量差在市场上不具有竞争力。

回到葡萄酒贸易的话题。优质葡萄酒可以在自由市场上竞争。鉴于东欧前共产主义国家的劳动力成本低，可以在市场上压低竞争价格，对于那些试图在国际市场上获得新的经济立足点的国家来说，葡萄酒生产是一项有潜力的生产活动。当然，最重要的还是产品质量达到具有有竞争力的水平，否则什么都不可能发生。

东欧葡萄酒业

提起葡萄酒和品酒会时，通常不会出现匈牙利、保加利亚、罗马尼亚和摩尔多瓦的葡萄酒。这些国家的葡萄酒在东欧以外并不出名，并不是因为这些国家刚刚涉足葡萄酒业。事实上，他们每一个国家都有悠久的葡萄酒生产历史，甚至可以追溯到几百年前。葡萄酒为罗曼诺夫和哈布斯堡家族（Romanoffs and the Hapsburgs）增添了光彩。

在气候上，东欧的酿酒条件范围很广。罗马尼亚北部和摩尔多瓦位于酿酒业的北部边缘。向南移动，气候明显变暖。这是纬度和地形的产物。喀尔巴阡山脉（Carpathian Mountains）和特兰西瓦尼亚阿尔卑斯山脉（Transylvanian Alps）是北部寒冷的冬季气候和南部较为温和的气候之间的分水岭。黑海也有助于这些国家的温和气候条件。向南到保加利亚时，就接近地中海气候，在这种气候下，葡萄个大饱满，长势喜人。

现在这个地区已经有了成功生产葡萄酒的历史。甜葡萄酒爱好者可能已经熟悉匈牙利东南部的芳香葡萄（Tokay）和其酿出的葡萄酒。可是，该地区以外的消费者几乎不了解这些产品。

随着欧盟向东欧扩张，以及该地区气候带来的机遇，当地葡萄酒业正在复苏。匈牙利、保加利亚和罗马尼亚已加入欧盟，欧盟成员国的身份为它们提供了一个安全的投资环境，以及与当前国家货币有利的汇率。这里葡萄酒生产的气候和历史对于投资者来说具有一定的投资潜力。对于在欧盟其他国家和地区有经验的葡萄酒商和酿酒师来说，这些新成员国提供了新的就业机会。

　　东欧共产主义的垮台使该地区的葡萄酒生产商暴露在世界市场的直接竞争中。它创造了一个潜在的有利可图的投资环境。作为葡萄酒消费者，现在可能不受影响，但在未来可能会，因为东欧葡萄酒已经开始出现在我们最喜欢的葡萄酒商店。

第十四章　地理与葡萄酒竞争品类：
啤酒，苹果酒和蒸馏酒

　　地理学的优点是几乎可以把任何感兴趣的东西变成学习的主题。这对于《圣经》、绗缝、鸭柱球（duckpin bowling；保龄球的

一种）、柴迪科舞（曲）（zydeco），甚至葡萄酒都是如此。

葡萄酒地理本身就是一个足够广泛的主题。将这一主题扩展到为人类消费的所有不同的酒类，将是一项百科全书式的事业。从某种意义上说，这也是不必要的，因为环境和文化在葡萄酒生产中的重要性也反映在其他酒类生产中。我们只需要讨论几个葡萄酒竞争品类的例子，就可以了解它们所共有的基本地理位置。

葡萄酒竞争品类的地理位置与环境有很大关系。随着时间的推移，一个地方会因为气候、土壤、农业或我们讨论过的其他因素，成为某种酒类生产的故土。例如，伏特加想到俄罗斯，龙舌兰想到墨西哥，朗姆酒想到牙买加。酒只是文化的物理表现或"特征"之一，不仅让人们了解到地方、人民和文化之间的联系，而且传承了这些联系和关系。通过选择适合特定文化的饮品搭配特定的民族美食，可以让这些文化联想保持活力。

文化，传统上是人类学的研究领域。由于文化特征（事物、思想和信仰）和文化综合体（相互关联的特征群）都有空间表现，地理就会介入。文化特征和文化综合体可以移动，文化也可以通过地理学研究者阐述。它具有地理学研究学者可以研究和尝试理解的模式。一种文化，与其发现的地方相关联，会在景观上留下印记；反之亦然。

竞争

葡萄酒是许多文化的一部分。然而，从人口、地点和生产的角度来看，它的影响与啤酒相比是微不足道的。啤酒是世界上最常见的酒精饮料之一。作为一种低酒精饮料，啤酒可以与葡萄酒相媲美，在某些情况下还可以与葡萄酒互换，但啤酒和葡萄酒的地理位置截然不同，这主要是由于啤酒生产中使用了大麦。

啤酒是由浸泡了足够久的大麦，其淀粉分解并开始发酵而成的。正是这种与大麦的联系决定了啤酒生产的地理位置。在一些地方，啤酒和葡萄酒生产重叠。在这些地区，葡萄和大麦都是经济农作物。它们共存的原因是它们都可以在适合葡萄生长的气候下生长。

冯·杜能写道，当我们考虑到环境、知识和政府监管的因素时，剩余利润最高的作物将是生产出来的作物。这种情况下，为什么利润最高的作物没有获胜？原因是葡萄和大麦可以在相同的气候条件下生长，但它们不能适应相同的土壤和地形条件。葡萄在排水良好的土壤中生长得最好，在其他作物都不生长的地方也能茁壮成长。对于葡萄来说，地表以下的土壤是关键。另一方面，大麦在沙子、淤泥和黏土混合的土壤中生长得最好。因此，即使在生产葡萄和大麦的地区，土地也将在物理上分开。

大麦的一个环境优势是它是一种谷物而不是富含液体的水果，因此与葡萄相比，不那么容易受到霜冻的损害。大麦也有多种种植选择。冬大麦是在深秋或初冬种植的；种子已经准备就绪，一旦春天条件好转，它们就会发芽。在春天，只要条件允许，就种春麦。这些种植选择给大麦提供了更广阔的潜在气候范围。如果夏天很短，我们就种植冬大麦以便在下一个夏天结束之前收获。这使我们能够在加拿大的草原三省、苏格兰、斯堪的纳维亚半岛和俄罗斯中部的部分地区种植大麦并获利。如果季节较长，我们种植传统的春季作物，在秋天收获。如果有更长的生长季节，我们甚至可以每年收获两种大麦（一种在晚春收获的冬季作物和一种在晚秋收获的春季作物）。因此，大麦的种植面积要比葡萄大得多，啤酒的种植面积也要大得多。

大麦在其生产的地理位置上也比葡萄酒具有显著的优势。葡萄中的糖悬浮在液体中，不管是否愿意，它们都很容易发酵。正如我们所看到的，这是运输葡萄时需克服的重要困难，是运输成本增加的主要原因。这就是为什么酿酒厂离葡萄园越近越好。而大麦在没有水的情况下不会自行发酵。只要保持干燥，大麦在用于啤酒生产之前可以长距离运输。这意味着我们可以在任何可以运输大麦的地方生产啤酒。即使葡萄和大麦的产地是一样的，葡萄酒和啤酒的产地也可能是完全不同的。

和葡萄酒一样，啤酒也有自己的口味和风格。啤酒可以是烈性啤酒、淡色啤酒、苦啤酒，也可以是其他种类的啤酒。即使两种啤酒的风格相同，味道也可能非常不同。啤酒的风格和口味因地而异。甚至啤酒的供应方式也有其独特的地理位置。与葡萄酒和烈性酒一样，啤酒的风格和口味与地方联系在一起，它们也与当地的食物，更广泛地说，与当地的文化联系在一起。这使得啤酒成为地理学研究者们感兴趣的课题。

啤酒并不是葡萄酒的唯一竞争品类。其他水果酿制的葡萄酒是葡萄酿制葡萄酒的竞争对手。纯粹主义者可能不认为这些非葡萄竞争对手是真正的葡萄酒，但这些替代品可能是在当地生产酒精饮料的唯一方法。如果我们把果汁在室温下储存一段时间，它会开始发酵。这并不难，困难的是防止发酵。这是在酿酒过程中使用葡萄以外的水果的基础。在夏威夷有人生产菠萝酒，在新英格兰生产蔓越莓酒。有些国家使用葡萄以外的水果制作葡萄酒是基于历史或气候因素，有些国家用其他水果生产葡萄酒是基于一个简单的事实——可以做。

早在人们考虑用蔓越莓酿酒之前，苹果酒是新英格兰地区占主导地位的水果酒精饮料。今天使用"苹果酒"这个词，我们通常指的是一种不含酒精的苹果酒。在世界其他地方以及北美的早期历史中，"苹果酒"一词用于发酵的苹果汁。如今，我们通常用"烈性苹果酒"（hard cider）这个词来形容这种酒精饮料。在啤酒普及之前，苹果酒的消费是很普遍的。事实上，在制冷和巴氏杀菌技术出现之前，几乎不可能以不含酒精的形式储存苹果汁。在有大量苹果生产商的地区，含酒精的苹果汁很常见。苹果酒现在可能不那么流行了，但在新英格兰、英格兰南部和法国北部仍有一定市场。

由于生产苹果酒的苹果品种与食用或烘焙的苹果品种不同，所以生产苹果酒需要在种植苹果时进行选择。苹果酒的生产也是一个长期的过程。苹果树要经过很多年才能产出有用的作物。对树木的破坏会使收成倒退好几年。这使得苹果酒生产商与啤酒甚至葡萄酒生产商相比处于明显的劣势——葡萄酒商可以在几年内生产出葡萄；大麦是一种单季节产品。冯·杜能帮我们看到，在决定是否生产苹果酒时，这些担忧变得很重要，会影响产品的盈利能力，以及与葡萄酒、啤酒和其他酒类竞争的能力。

与啤酒和葡萄酒一样，苹果酒有各种不同的口味和风格。有些地方，苹果酒是一种低酒精饮料；有些地方，它的酒精含量远远超过葡萄酒和啤酒。它的外观可以是透明的、闪闪发光的或混浊的。不同地区的苹果酒供应方式也会有所不同。所有这些因素使苹果酒的地理位置有别于啤酒或葡萄酒。

与葡萄酒最像的竞争品类是蒸馏酒。蒸馏酒和其他酒精饮料一样，都有发酵的过程。不同之处在于蒸馏酒在初始发酵后，液体会被蒸馏成最终的形式。蒸馏过程各地差别不大，但蒸馏的原材料却有很大的不同，这就是为什么即使蒸馏过程相同，不同蒸馏酒的地理位置却不同。

蒸馏的过程是以化学原理为基础的。一般来说，水的沸点是212华氏度（100摄氏度）；酒精的沸点是17.3华氏度（78摄氏度）。这意味着如果我们将葡萄酒、啤酒或苹果酒加热到173.3华氏度以上，酒精就会蒸发掉，但不会消失，它只是改变了状态，挥发成气体。

在蒸馏过程中，我们利用沸点的不同生产高酒精含量的产品。理论上，这并不是一项复杂的任务，尽管有一些棘手的部分。首先，我们需要将含酒精的液体加热到17.3华氏度以上，这样酒精就会蒸发。同时，还要控制温度在212华氏度以下，这样水就不会蒸发。如果我们有稳定的热源和精确的温度测量，就可以控制加热，产生酒精蒸汽。其次，必须能够捕获酒精蒸汽，防止它排放到空气中。如果我们能捕获蒸汽并将其冷却，酒精就会凝结成液体。冷凝物的酒精含量将比原来的液体高得多。蒸馏就完成了。

制造蒸馏酒所涉及的技术保障——稳定的加热、精确的温度控制，以及捕捉逸出的酒精蒸汽的能力——是非常重要的。工业革命之前，克服这些困难是极其困难的。即使蒸馏能够完成，没有精确的控制也几乎不可能使蒸馏的产品标准化。随着工业化，解决这些问题的技术变得可行，使得大规模蒸馏成为可能。因此，我们将蒸馏酒的普及与工业化联系起来。正如我们将在下一章中看到的，它导致了酗酒意识的增强和戒酒运动的诞生。

尽管蒸馏的过程和原则在不同的地方和文化中是共同的，但它仍然有很强的地理因素。这是因为被蒸馏的物质和原料的地理位置，将蒸馏过程与特定的地裂位置联系起来。根据原料的不同，蒸馏后的酒精会有不同的味道、气味和外观。因此，葡萄蒸馏液（干邑）与甘蔗蒸馏液（朗姆酒）、大麦蒸馏液（威士忌）、小麦蒸馏液（伏特加）或蓝色龙舌兰蒸馏液（龙舌兰酒）相比，具有不同的地理位置和味道。即使使用的是相同的原始材料，加工过程中也可能会添加某地常见的添加剂。这样，干邑将与茴香酒（ouzo）不同，即使两者都是蒸馏酒。

苏格兰

除了凉爽潮湿的天气，与苏格兰有关的就是威士忌了。威士忌是苏格兰文化的一部分，反映了苏格兰人和苏格兰环境。有些人把威士忌（whisky）、黑麦威士忌（rye）、苏格兰威士忌（scotch）、波旁威士忌（bourbon）和爱尔兰威士忌（Irish whisky）混为一谈。但对于那些热爱和崇敬威士忌的人来说，认为威士忌可以和其他任何东西互换的观点，就好比告诉一个葡萄酒爱好者所有的葡萄酒都是一样的。

在讨论苏格兰威士忌之前，需要将一些重要的地理位置和产品名称关联起来。如果来自苏格兰或爱尔兰，那就是威士忌；如果来自其他产区，被称为whiskey（威士杰），即使它是以苏格兰或爱尔兰风格生产的。在北美，如果威士忌是在苏格兰生产、陈酿和装瓶的，被称为"苏格兰威士忌"（Scottish Whisky）简称为"苏格兰酒"（scotch）。为了避免社交尴尬，同样注意，苏格兰酒英文是Scotch，苏格兰人英文是Scottish。

威士忌是用大麦蒸馏而成，所以不同于波旁威士忌和黑麦威士忌。波旁威士忌是一种玉米蒸馏酒。黑麦是由至少50%的黑麦谷物蒸馏而成的。蒸馏的过程和蒸馏的机械是可以互换的。使用大麦、玉米或黑麦让它们与众不同。最终的结果是可能有相似的外观，但使用不同淀粉作为这一过程的基础，将导致非常不同的口味，并将产生非常不同的地理位置。这是因为玉米产区与大麦或黑麦产区不同。

区分这些产品的不仅仅是命名，还有取决于蒸馏过程中使用的燃料和大麦麦芽暴露在燃料烟雾中的程度。在苏格兰和爱尔兰，泥炭是蒸馏过程中常用的燃料。泥炭是我们在凉爽、半湿润和环境中发现的部分分解的有机物的积累。泥炭干燥并切割成砖块后就成了燃料来源。由于泥炭沼泽的地理限制，泥炭可以是威士忌的燃料来源，但不是波旁威士忌的燃料来源。这是因为玉米生产和泥炭沼泽的气候截然不同。在大麦麦芽的干燥过程中，泥炭的使用成为区分苏格兰威士忌和爱尔兰威士忌的重要元素。在苏格兰，麦芽暴露在泥炭烟中。但在爱尔兰却不是这样。这种暴露会影响产品的味道，这也是两种威士忌的区别所在。即使威士忌是用同样的方式生产的，在最终产品的味道中也可以分辨出不同的泥炭。即使我们使用同样的谷物、燃料来源、蒸馏过程，得到的威士忌也可能是不同于其他威士忌的。蒸馏过程中所使用的水的化学成分的细微差别反映在最终成品威士忌的味道上。因此，水之于威士忌就像土壤之于葡萄酒。即使是微小的变化也会产生影响。根据水的质量，即使相邻的酒厂也可以生产出截然不同的产品。

威士忌要陈酿，有时要经过很长时间。陈酿会改变威士忌的味道和外观，所以初始产品的微小变化会随着时间的推移而放大。与葡萄酒一样，威士忌也能从陈酿的酒桶中汲取味道。陈酿会使一些威士忌通过多孔的酒桶蒸发而流失。在长时间的陈酿过程中，酒桶的多孔设计可能会让外面的空气影响产品的外观和味道。威士忌在陈酿过程中失去的体积会在味道和外观上有所补偿。

苏格兰威士忌的地理位置结合了大麦、泥炭、水甚至空气的地理位置，所有这些地理位置都影响着威士忌的生产，并将威士忌与其产地联系在一起。苏格兰的威士忌产区各不相同，类似于风土和葡萄酒。它有利于旅游业的发展。苏格兰各地都生产威士忌，这也为旅游业创造了良好的条件。从北部的奥克尼群岛（Orkney Islands）到最南端的低地酿酒厂（lowland distilleries），你会发现自己永远都在苏格兰的酿酒厂附近。

苏格兰酿酒厂的有趣之处在于，它们可以建在一些难以到达的地方。格拉斯哥和爱丁堡附近有不少低地酿酒厂，其中数十家位于因弗内斯（Inverness）以东的斯佩河谷，比如斯佩赛德酿酒厂（Speyside distilleries）。此外，苏格兰高地的每一个角落和缝隙都分布着酿酒厂。它们都拥有靠近大麦、泥炭和淡水资源的共同地理位置。

也许苏格兰最难以接近的威士忌产区（在我看来也是最有趣的）就是西海岸的岛屿酿酒厂。马尔岛（Mull）、斯凯岛（Skye）、汝拉岛（Jura）和阿伦岛（Arran）都有酿酒厂。数量上超过它们的是艾莱岛（Islay）的酿酒厂。这些岛屿贫瘠荒芜，没有高速公路，而且远离常规轨道，只有在固定的时间内依靠小型渡船才能到达。这意味着游客并不多，因此成为理想的远离喧嚣的度假之地。在这里，人们可以漫步大自然、观赏鲸鱼和野生动物、骑自行车、参观酿酒厂。事实上，许多岛屿还拥有铁器时代和石器时代的考古遗迹，以及重要的早期基督教遗址，这使得它们更加有趣。地理位置上的与世隔绝和人们与周围环境的联系，包括在酿酒厂工作的人，赋予了社区和其酿酒厂一种"与地球同在"的魅力。虽然酿酒厂是工业化的，但那里给人的感觉却绝非如此。

对葡萄酒的了解让我们能够以全新的视角看待竞争对手。如果我们想要研究啤酒、苹果酒或蒸馏酒的地理分布，我们不需要从头开始，只需要了解每一种酒精与葡萄酒的不同之处，利用我们对葡萄酒的知识了解其竞争对手。我们可能永远不会像欣赏葡萄酒那样欣赏蒸馏酒，但我们仍然可以欣赏它们的地理位置。

第十五章　葡萄酒，文化地理与禁酒

　　有些社会文化中，葡萄酒是家庭生活的一部分，餐桌上看不到葡萄酒是不寻常的。也有一些社会文化，葡萄酒仅供成年人饮用或用于宗教活动，并且与家庭生活分开。不同文化对待食物，尤其是葡萄酒的方式造就了迷人的文化地理。我们可以用一生的时间来研究人们何时、何地、如何以及为什么喝酒。

葡萄酒和文化相关联的一个比较有趣的研究领域是宗教的影响。在一些宗教教规中，葡萄酒和其他酒类都是被禁止的。而有一些国家，葡萄酒是宗教中不可或缺的部分。葡萄酒的历史、宗教实践和宗教机构之间的联系与天主教尤为紧密。人们普遍认为，罗马帝国灭亡后，天主教保护和促进了葡萄酒产业的发展。这并不是因为随着帝国灭亡酒精饮料消费下降，相反，随着冲突和政治不稳定的加剧，帝国的终结意味着保障葡萄酒在罗马帝国的各地流通的经济体系和商业联系瓦解。几个世纪后，人类走出"黑暗时代"，探险、传教和殖民活动将圣酒和葡萄酒带到地球的各个角落。回顾历史，葡萄酒绝不仅是一种奢侈品或宗教仪式的元素，它就像我们今天喝的水一样，是一种经常饮用的饮料。在某些地方和某一时期，它是一种比水更安全的饮料。所以与一个社区平均每天的葡萄酒消费量相比，在圣礼上使用的葡萄酒是非常有限的。那么为什么教会和葡萄酒之间有历史联系呢？

教会和葡萄酒之间的联系是经济上的。在欧洲历史上，教会一直是主要的土地所有者。无论生前还是死后，人们都把土地捐赠给教会。他们还向教会支回到了我们在讨论冯·杜能和农业地理时提出的问题：如何利用土地才能得到最好的回报？它可以用来产生固定收入，也可以出售获得一次性现金。如果有特定需求，现金当然很好。但是从经济上讲，更好的长期投资是持续创收——过去是，现在更是。对于教会来说，葡萄酒生产便是最好的投资方案。

　　除了持有和使用土地的经济问题，教会还可以看作是葡萄酒科学的主要参与者。人类创造力和发明创造总是得益于人们有时间、有机会去思考的社会环境。教会通过吸引当时最优秀、最贤能的人才，并为他们提供产生创意所需的机会，在葡萄栽培和酿酒科学的发展中发挥了重要作用。这并不是因为教会有意开创新的葡萄品种的生产、测试种植技术，或设计更好的酒瓶。相反，这是允许人们追求兴趣和创新的无心插柳。这些创新可能给教会带来经济收益，也能给那些博学多识者的工作带来更多的动力。

宗教，饮食禁忌与文化地理

　　虽然宗教把葡萄酒作为宗教仪式的一个元素，但不同的宗教可以采取非常不同的方式。有些宗教可能完全禁止某些食物和饮料，或者是一年中的某个时间或假日相关的周期性限制。作为地理的一部分，在宗教中表现出来的饮食偏好改变了我们的一些基本地理假设。它们改变了农业的地理位置，迫使我们思考文化如何影响我们对种植和生产的选择。从宗教及其对葡萄酒地理的影响，可以看出教会是如何促进葡萄酒产业的发展和传播的。

　　对我们这些研究葡萄酒地理的人来说，伊斯兰教对酒精消费的限制是非常有趣的。中东的伊斯兰国家处于气候适宜的地区，非常适合葡萄酒生产。几千年前曾是葡萄酒生产中心的地方，如今已经停止葡萄酒生产。这并不是说这些国家不种植葡萄。葡萄和葡萄汁在这些国家完全被接受。它们只是不生产葡萄酒。这为冯·杜能的农业模式增加了另一个元素：我们的知识或设备所种植的作物的最高价值用途可能不为我们的文化所接受。

伊斯兰教对葡萄酒贸易和曾经属于伊斯兰世界的地区产生了影响。在西班牙和葡萄牙，可以追溯到古希腊时代的繁荣葡萄酒产业，在七八世纪摩尔人征服伊比利亚半岛后消失了。东欧在被奥斯曼土耳其人征服之前也是如此。1492年对格拉纳达的征服结束了摩尔人对西班牙的占领。东欧，奥斯曼帝国对葡萄酒产区的控制一直持续到19世纪和20世纪初。这些地区的葡萄酒行业受到破坏的同时，西欧和北欧的城市葡萄酒市场才刚刚开始形成。

尽管有禁止葡萄酒消费的宗教禁忌，但中东地区并非没有葡萄酒生产。在一些地区，市场需求和葡萄酒的经济收益预期，葡萄酒酿造工业得以持续。在有些地区，葡萄酒生产代表了该地区的社会和文化差异，葡萄酒产区可能表明非伊斯兰民族的存在，因此葡萄酒是该地区宗教和文化多样性的一部分。

饮食禁忌造就了一些有趣的地理环境，而随着时间的推移，这些禁忌会发生变化。在早期社会，葡萄酒这样的酒精饮料是水的替代品，它可以预防疾病，如霍乱，而这些疾病通常与受污染的供水有关。随着工业化和蒸馏酒的大量生产，这种情况开始改变。酒精含量高的饮品的可获得性和可负担性导致有酒精问题人口的增加，这反过来又促成社会对酒精中毒是一种疾病和社会弊病的更深入的理解。随着城市人口大规模增长和极度贫困的出现，人们对酗酒问题的认识日益提高，促进了禁酒运动的发展。

19世纪末和20世纪初的禁酒运动并非在所有地方都相同。一些国家的工业化进程快，蒸馏酒的供应以及由此引发的问题也就很容易被放大。有些国家将葡萄酒和啤酒作为可接受的日常消费饮品的想法并没有改变太多。还有些国家的经济依赖葡萄酒和啤酒的生产。不管出于什么原因，禁酒运动在地理上的影响是多种多样的。

即使在提倡禁酒的社会里，葡萄酒也有别于其他形式的酒精饮料。它的药用和圣礼用途使它比其他形式的酒类具有更高的地位。葡萄酒拥有更高级别的用户，至少这是提高了它的声誉。与啤酒一样，葡萄酒也被视为一种食品。因此，提倡禁酒的人往往会忽视葡萄酒和啤酒，而倾向于降低高酒精产品的消费。

美国的禁酒运动——与世界其他地方大不相同——提倡禁止高度数酒、葡萄酒和啤酒。该运动的高潮是1919年通过的《沃尔斯特德法案》（Volstead Act，第十八条修正案），该法案最终发展成《禁酒令》。

在《沃尔斯特德法案》真正实施之前，大多数州就已经禁酒了。《沃尔斯特德法案》所做的就是让美国的其他地方都开始禁酒。尽管政府努力将葡萄酒排除在外，但它依然受到《禁酒令》的限制。尽管药用葡萄酒、圣礼葡萄酒生产有漏洞，但用于这类用途或销售食用葡萄的葡萄酒生产水平远未达到维持葡萄酒工业所需的水平。1933年《禁酒令》废除，但迟到的解除令无法挽救大多数葡萄酒生产商，也没有让酒精饮料销售合法化。《禁酒令》的废除只是把酒精饮料的许可重新交还给州政府。这就形成了一种有趣的饮酒/禁酒地理格局，这种现象一直持续到1966年（1966年，美国最后一个禁酒州密西西比州也许可了饮酒）。允许售卖酒精饮料的决定并不意味着州内所有社区都允许卖酒。即使在今天，同一州内仍有许多县处于禁酒状态。

如今，已经没有多少人能记得1933年废除了《沃尔斯特德法案》（第二十一条修正案），更别提它在1919年实施《沃尔斯特德法案》了。尽管《禁酒令》已经结束，但对酒类销售的监管仍然是州和地方政府关注的问题。因此，葡萄酒的地理位置，特别是葡萄酒零售的地理位置可能会根据当地的监管环境变化。禁酒县的周围通常都是酒类商店，离县界只有几英尺远。各州对酒、和烟草的"罪恶税"征收标准不同，导致州际公路沿州边界休息站的标语十分有趣。有的指示牌上写着"欢迎来到……（州名）。酒和酒精饮料零售在前方一英里"。有些州甚至有卖酒的小贩，这可能更容易控制酒类销售。但从个人经验来看，我从未发现政府直接干预酒类销售对服务或酒类选择有什么好处。

落基山脉以东的美国

如果说有从禁酒运动和《禁酒令》中脱颖而出的任何葡萄酒行业赢家，那肯定是加利福尼亚州。尽管该行业在其他地方几乎被消灭了，但在加利福尼亚州还是设法生存了下来。在美国其他大部分地区，葡萄酒行业一直在努力恢复，现在已经超过了《禁酒令》之前的水平。酿酒的现代进步在某些领域为企业家创造了机会，可以在《禁酒令》之前没有葡萄酒生产的地区建造葡萄园和酿酒厂。此外，最近联邦立法的一些变化促进美国葡萄酒产业蓬勃发展。

尽管1976年的《农场酒庄法案》可能不是葡萄酒行业最重要的立法，但它应该占有特殊的地位。它为小酒厂直接向全国各地的游客和消费者销售葡萄酒奠定了基础，并减少了酒庄开发的费用和烦琐手续。该法案所保障的权利随后通过修订得到加强，现在强调保护生产商通过互联网销售葡萄酒。该法案允许小型酒厂绕过酒商，直接向公众销售葡萄酒。这刺激了葡萄酒酿造业相关的旅游。如果没有这一规定，酿酒厂的游客可能只能购买参观纪念品，但不能购买葡萄酒。现在酿酒厂有动力吸引游客，在短暂参观葡萄园和酿酒厂之后，可以品尝葡萄酒并直接向游客销售。在《农场酒庄法案》颁布之前，这种行为会招致联邦烟酒枪械局当地代表的调查。

政府放松对葡萄酒行业的限制，推动了美国葡萄酿酒厂数量的快速增长。这种增长不仅得益于《农场酒庄法案》，还得益于酿酒厂进口葡萄的能力。使用进口葡萄，酿酒厂可以在新种植的葡萄园成熟时开始生产。这减少了从种植和材料购买投资中获得利润所需的等待时间，减轻了建立新酒厂所产生的经济负担。

目前，在美国运营的酿酒厂以及生产葡萄酒的州的数量都急剧增加，爱荷华州、密歇根州、宾夕法尼亚州、弗吉尼亚州、北卡罗来纳州、罗德岛州、缅因州、新罕布什尔州、马萨诸塞州、得克萨斯州、俄亥俄州、亚利桑那州、康涅狄格州等地都会看到酿酒厂信息。在像纽约这样的产酒大州，我们可以看到沿着五大湖南岸进入哈德逊河谷的葡萄酒数量激增。长岛也出现了大量的新葡萄园。鉴于该行业的快速增长，美国葡萄酒产量现已超过《禁酒令》之前的水平，产地覆盖《禁酒令》之前没有葡萄酒生产的地区。

美国生产葡萄酒的地理位置很难一概而论。气候变化几乎为生产任何一种酿酒葡萄提供了机会。选择酿造哪一品种取决于找到最适合当地气候的葡萄品种。美国大学和各州的推广服务机构在地方与葡萄品种匹配的过程中扮演了非常积极的角色。新葡萄园和酒厂开始投产，其产品要进入主流市场流通还需要一段时间。在此之前，新酒庄的发展主要依靠当地市场（葡萄酒商店和餐馆），或直接销售给游客。所以在当地葡萄酒商店很难找到最新的葡萄园或酒厂的葡萄酒。

葡萄酒在美国的发展仍处于起步阶段，具有很强的地域性，涉及的人员、产品和设施都具有地方特色。美国的葡萄酒消费者可能并不熟悉美国产的所有葡萄酒。至少从营销的角度来看，葡萄酒产区的身份很重要。当我们从著名的葡萄酒产区购买葡萄酒时，我们会对其有所了解，但大多数消费者对俄亥俄州、亚利桑那州或康涅狄格州的葡萄酒的了解仅限于它们不是加利福尼亚州的。所以上述州在推销本地生产的葡萄酒时，就显得比较困难，但我们可以积极应对。如果我们对葡萄酒感兴趣、对其产地感到好奇，那么地区生产的差异可能足以引起我们的注意。这让我们有动力去体验它们。谁知道呢，这样一来，我们也许会偶然发现下一个葡萄酒胜地。

第十六章 地区认同，葡萄酒与跨国公司

想象一下，在一个有许多烈酒和利口酒的开放式酒吧聚会上，几十种不同的葡萄酒代表意大利、美国（加利福尼亚）、澳大利亚和新西兰的葡萄园。啤酒的选择多得让人很难记住。当我们选酒时，可能不会想到这些葡萄酒、啤酒和烈性酒可能都来自同一家公司。不管我们做出什么选择，我们的钱都流向了同一个地方。

酒精饮料市场充斥着各大公司。跨国公司在酒精饮料行业的控股正在增长，传统上不属于该行业的公司正着眼于多样化和收购有利可图的品牌。这些都是新的世界经济秩序的一部分。对于大多数葡萄酒爱好者来说，理想的酿酒制造商形象并不包括大公司。

我们应该关心葡萄酒是否是由一家在世界各地都有子公司的公司生产的吗？跨国公司在酒业的发展是一个时代的标志，它是理性的经济行为。然而，对于热爱葡萄酒的人来说，企业参与酒精饮料行业会引起一些担忧。一方面，所谓的企业可能是高质量的，可能使用了最好的科学技术，并且可能包括广受认可且积极营销的标签。企业的参与甚至可以通过规模经济降低产品价格。另一方面，这是以牺牲消费者印象中古色古香的家族经营葡萄园为代价的。作为葡萄酒爱好者，我们不期望我们喜爱的酿酒制造商在股票市场上交易，也不期望某款酒的广告而让其闻名海外，抑或成为职业体育的主要企业赞助商。但今天的社会，酒品牌可能正是因为上述原因才被人所知。

葡萄酒与身份

我们开始把某些产品和它们的生产地联系起来，这是一个有趣的现象。进一步观察，我们可以看到产品的质量是如何与地方相关联的。很多地方都可以生产一种产品，但有些地方可能以生产质量高而闻名，而另一些地方可能以生产质量差而闻名。这种对产品和地方的刻板印象可能准确，也可能不准确，但它确实存在。

食物对场所刻板印象特别敏感。我们希望食物来自与它们相关的地方。即使它们不是来自某个地方，包装上正确的名称或形象足以说服我们相信它的质量。地方的刻板印象在销售领域很受用。如果我们最喜欢的啤酒是在威斯康星州酿造的，一个漂亮的日耳曼名字和酒瓶上的形象就足以让人们相信它值得一试。这可能也是为什么那么多葡萄酒品牌都有着类似法语的名字和带有法国风格的图案，虽然它们大多并非产自波尔多或勃艮第。

欧盟是地方认同和食品游戏中一个有趣的参与者。一方面，欧盟正试图建立一个统一的欧洲。另一方面，欧盟的项目强调文化认同和遗产。欧盟在创建一个欧洲的同时，也非常积极地认识到欧洲内部存在差异。对于葡萄酒和奶酪等产品来说，这意味着要想创建一个经济上同质化的欧洲，就必须与保护当地特产好名声的法规相抗衡。

保护一个地方的好名声对地方标识食品的营销是有帮助的。葡萄酒和奶酪是最常见的例子。环境和创作过程的影响导致它们与发源地紧密联系在一起（并以它们的名字命名）。有些名字与创建产品的过程联系很紧密，以至于随着时间的推移，地名的联系已经消失了。只有在仍然存在这种协会的地方，还有法规来保护它们。例如，只有产自法国香槟地区的香槟才算香槟。如果不是法国产的，它可能会被标记为加利福尼亚香槟（由传统香槟发酵法生产（méthode champenoise））、布鲁特、汽酒、阿斯蒂白葡萄汽酒（Asti spmante）或任何其他本地术语。事实是，它们都是香槟，只是不全是法国香槟地区生产的。这些规定背后的理念是，如果一种产品以一个地方的名字命名，那么所有带有这个名字的产品都会对这个地方的好名声或坏名声产生影响。有人认为，这样的保护可以防止欺诈，促进产品的完整性。也有人认为，保护一个地方的好名声只是方便贸易保护主义的一个借口。当然，经营本地葡萄酒商店的人可能不会太在意法规和贸易保护主义。对他们和大多数葡萄酒消费者来说，香槟就是香槟。

模仿可能是最真诚的奉承形式，但有时它只是纯粹的欺诈。最明显的葡萄酒欺诈形式是利用现有酿酒制造商的好名声销售不是他们生产的产品。欺诈性产品通常质量较差。（如果质量更好，何必欺诈。）从地理角度来看，欺诈还可以延伸到一个地方的意义和身份。例如，如果我们想最大限度地向更多人推销我们的葡萄酒，为什么不直接给它贴上"波尔多"的标签呢？它是一种红葡萄酒，谁能知道其中的区别呢？

葡萄酒欺诈会影响整个地区。通过窃取该地区的好名声赚钱也算得上是欺诈行为。就像一个生产商的名字可以传达质量一样，一个地区的名字也可以。地名还可以暗含使用的葡萄、不同品种的组合及其生长条件的信息。即使我们销售的葡萄酒是由典型的波尔多地区的葡萄酿制的，宣传中使用"波尔多葡萄酒"字样也算是欺诈，只能算作正在销售波尔多风格的葡萄酒，但不是波尔多葡萄酒。这种欺诈从真正的波尔多生产商手中抢占了市场，赚取了利润，也玷污了该地区的好名声。

本文使用波尔多作为示例并非偶然。这是因为波尔多在防止葡萄酒欺诈方面一直发挥着主导作用。该地区的优质葡萄酒生产商一直在努力保护他们的声誉和利润。他们的努力促成了波尔多葡萄酒分类体系的形成，包括1855分级，奠定了葡萄酒的分类基础。这些体系现已成为行业标准。

标　签

葡萄酒标签上的信息传达了大量的信息。它告诉我们酿酒制造商和葡萄酒产地，它甚至可以告诉我们使用的是哪种葡萄。尽管这些信息相当简单，但标签上的许多信息需要解释。如果酒标上有地名，并含有AOC、DOC或任何其他首字母缩写，尤其如此。

葡萄酒标签上有制造商的名字，并标明原产国。它还可能包括进口商的信息，根据产地，显示主要的葡萄品种。如果葡萄酒来自法国，它还可能包括一个地名，后面跟AOC一词。它可能只有一个地名。现在我手边有一瓶罗纳河谷葡萄酒（Côtes du Rhône）。这是一款不错的葡萄酒，味道非常好。有些人可能仅凭味道就能分辨出葡萄酒中的葡萄品种，但我绝不是其中之一。那么，我是怎么知道我喝的是什么呢？实际上，标签是在向我传达信息。我只需要懂其中的语言即可。

AOC（appellation d'origine controllée的简称）传达给消费者关于葡萄酒的重要信息。它告诉葡萄的产区、葡萄的品种。通常葡萄是某个地方特有的葡萄品种。唯一的问题是，如果我们不知道葡萄产地，可能也不知道葡萄的品种。我们可能知道在某些知名的葡萄酒产区使用哪些葡萄，但对于不太知名的地区或葡萄品种混合的地区，就不一定很有把握了。这时候，一本好的葡萄酒地图就派上用场了。我可以查阅罗纳山坡葡萄酒，确定我喝的是什么：一种由西拉、歌海娜和莫维尔德（Mourvedre）葡萄精心调制的葡萄酒。如果葡萄酒所用的葡萄不是该地区特有的，就不能使用AOC这个名称。这种酒可能会被贴上来自该地区的佐餐酒的标签。虽然这是一个法国葡萄酒的案例，我们也可以简单地用同样方法理解来自意大利、西班牙或美国的葡萄酒，只需AOC分别替换为DOC、DO或AVA。虽然这些字母缩写不同，但它们的意义相同——将葡萄酒和某个地方之间建立了合法的联系。

即使是以葡萄品种标注的葡萄酒，法律上也有适当的地方标识。例如，标签会告诉我们，一款葡萄酒不是来自加州的霞多丽，而是来自纳帕（Napa AVA 美国葡萄产区）、索诺玛（Sonoma AVA）或中央谷（Central Valley AVA）的霞多丽。这类似酒商与我们签订的合同条款，确保我们喝到的酒来自他们的酒厂，采用的是当地葡萄园生产的葡萄。

有趣的是，对于葡萄酒的大众消费者来说，以地方识别葡萄酒完全是一个谜。消费者可能听过普伊－富赛（Pouilly-Fuissé）或基安蒂，虽然他们并不知道用的是什么葡萄。有些产地在大众市场上卖得很好，仅仅因为地名为大众所熟知。糟糕的是，一些酒商会利用根据价格吸引注重标签的消费者。这些消费者的特点是，可能会跳过一些不太知名的葡萄酒，即使是他们最喜欢的葡萄酒品种。所以地方标签可能是我们最好的朋友，也可能是我们最大的敌人。在现代葡萄酒市场上，许多地方标识的葡萄酒可能处于不利地位，因为大部分欧洲以外的地方标签已经让位于一种特殊的美国发明——品种标签。

品种标签是作为一种应对地方标签限制的手段而发展起来的。在品种标签之前，酒商使用地方标签，并不用考虑他们的葡萄园的位置。理想情况下，这是基于葡萄酒中使用的品种和所识别地区使用的品种之间的匹配。不那么谨慎的酒商会不加区别地使用这种标签，即使没有一颗来自勃艮第地区的葡萄或黑皮诺葡萄，任何红葡萄酒都可能被贴上勃艮第的标签。

从市场营销的角度来看，旨在保护地方的法规出台对知名葡萄酒产区的酒商来说是一场胜利。法规迫使其他酒商采用毫无意义的地方标签。也正是因为这样的规定导致品种标签激增。基于品种而不是产地的标签提供了一种营销的新方式，它的普及与流行源于相对于地方，消费者更容易理解品种。就我个人而言，我不介意浏览葡萄酒图册，找标签上的葡萄品种。而对于大多数消费者而言，他们并没有这种意愿。因此，品种标签帮助酿酒制造商绕过强制使用地方标签所涉及的一切问题。

规模型葡萄酒企业的源起

在所有可能出现在葡萄酒瓶标签上的信息中，唯独没有公司标签。我们可能选购了一瓶又一瓶不同品种的葡萄酒，殊不知生产商其实都是同一家大型企业的子公司。他们只是不把这类信息放在标签上。

大型企业参与葡萄酒行业是该行业经济地理的自然结果，也是长期进化过程的一部分，这一过程将葡萄酒酿造的决定权从单个葡萄园主手中转移到大型企业手中。不幸的是，这也可能会使葡萄酒从一个地方的独特性表达变成一种同质化的企业产品。虽然情况并非如此，但如果葡萄酒生产设施看起来更像炼油厂，而不是浪漫的波尔多城堡，很难说葡萄酒文化没有受到污染。

当酿酒成为一项经济业务，其盈利的道路上必然存在着各种各样的问题。首先，任何一种农业发展都受环境危害所困。其次，周期性的经济萧条也会给这个通常被视为奢侈品的行业带来风险。再次，生产国和消费国之间的政治环境可能对这种生产区域有限但消费者数量几乎无限的行业构成潜在问题。第四，葡萄酒销售和关税的规定会对利润产生负面影响。第五，消费者偏好模式改变可以改变葡萄酒消费，例如，禁酒运动几乎完全可以消除葡萄酒消费。这些威胁改变了该行业的地理位置。随着时间的推移，葡萄酒生产和销售葡萄酒成为规模型生意，甚至是跨国型生意。

无论在地理方面还是在经济方面，企业规模越大，其面对困难时的资源和恢复能力就越强。个体生产者也许能生产出一瓶好酒，但可能无法在几次歉收中生存下来，或者可能没有足够的资金配合不断变化的市场。如果他的土地无法生产某些葡萄品种，那么消费者偏好转移到新葡萄品种后，其就可能会被市场孤立。为了保护自己，个体生产者可以组成合作社。在这种情况下，他们可以专门从事葡萄酒生产，把更复杂的生产和销售任务交给擅长的人。随着时间的推移，这些看似很小的决定和步骤会导致更大的担忧，导致我们今天看到的跨国生产商的崛起。

以个体生产者为例。如果一切顺利，他能生产出高价值的作物，生产出高质量且有利可图的葡萄酒。现有的生产者可以把他们的利润储蓄起来，用于投资他们的产品。如果条件好，新的生产者可以进入市场，将新的土地用于葡萄种植。更多的生产者意味着更激烈的竞争。在良好的市场中，这种增长可能仅仅意味着利润被更多的生产者瓜分。如果这种情况持续，边际生产者和那些资源有限的生产者可能会破产或被迫种植其他农作物。其结果是，对于那些有能力购买并持有它们直到情况好转的人来说，葡萄园和酿酒厂都有很好的交易机会。财力雄厚的大型企业可以抢购最好的小型葡萄园和酒厂，最终，市场低迷淘汰了小型边际生产者，大型企业拥有更多的土地。在市场景气时，这一过程不会自行逆转，只会增强大型企业的实力，增强它们抵御下一次市场低迷的能力。

如果将葡萄酒市场视为一个全球性问题，那么主导一个地区生产的生产者与福斯特（Fosters）、帝亚吉欧（Diageo）、保乐力加（Pernod-Ricard）等跨国公司之间的差距并不大。一个地区的大型生产者可能仍然面临影响其所在地区的危险。随着购买成本的增加，在其本土地区收购较小的竞争对手也可能变得不切实际。这些缺点促使人们在该地区之外寻找能够提供更多经济机会的地方，并防范生产者所在地区特有的危害。这种地域多元化往往与市场多元化同时发生。一个大型企业可以介入啤酒和烈性酒的生产领域，可以丰富其产品线，使经营区域多样化。它甚至可能扩展到其他领域的商业投资。因此，一个地区的大型葡萄酒生产者可以发展成为一个拥有包括酒业在内的多种产品线的跨国公司。同样，大型企业也可能会把酒业作为他们多样化投资组合的目标之一。

大型企业对葡萄酒行业经济地理的重要性还反映在葡萄酒如何传导至当地消费者身上。纵观葡萄酒工业的历史，其生产、运输和销售一直存在分歧。与生产不同，葡萄酒分销一直都有重要的企业参与。当地的运输、仓储和配送网络完全可以独立于大型企业运作。这在啤酒方面尤其如此，当地的啤酒酿造商仍然可以直接将产品分销给附近的酒吧和旅馆。对于延伸很远的分销网络，中间商和承包商就必不可少。消费者似乎对此没有意见。这和产品没有关系。它们只负责把酒送到消费者能买到的地方。

在某些行业，给一家公司贴上跨国公司的标签就是在诋毁它。跨国公司的坏名声与工人就业有关。对于从事体力劳动的工人来说，跨国公司有很多机会。正是寻找廉价的工人劳动力和向第三世界出口产品使许多公司成为跨国公司。理想情况下，将工作外包给欠发达国家是这类国家经济发展的需要。承担外包工作的国家通常不设工会，没有最低工资，对劳工的法律保护不完善，环境保护要求也不像跨国公司母国的要求那么严格。跨国公司的出现并没有起到好的作用，它只是为了自己的利益让局面更加混乱。承担外包工作的国家经济发展对跨国公司来说有害无利，因为这会增加它们的经营成本。

酒业生产商不是上述跨国公司——不是因为他们不想，而是因为产品并不适合传统的跨国模式。酒业跨国公司的成长基于产品多元化和追求利润。传统的跨国公司模式主要集中在需要大量劳动力、母国劳动力成本高的行业。削减成本和利润最大化的目标导致这些行业寻找最小化劳动力成本的地方。对于从事管理、研究和高科技活动的人员来说，跨国公司的选择就极为有限了。它们只能从有限的几个拥有这种符合要求的劳动力的国家和地区进行选择，而且这种劳动力从来都不便宜。酒业跨国公司并不遵循这一模式。部分原因是酒业生产商的劳动力成本不如其他行业那么重要。此外，一个重大历史经验在这里起了作用。如前所述，发酵过程往往将葡萄酒生产与葡萄种植地区联系起来。这限制了大型企业寻找替代生产地点的能力。大型公司几乎无法从经济上改变葡萄酒生产必须在葡萄园附近这一客观事实。

正是在葡萄酒生产和葡萄园位置之间的联系中，我们看到了历史如何在葡萄酒行业中发挥作用。葡萄酒生产国是世界上最昂贵的劳动力市场之一。除了少数例外，主要的葡萄酒生产国往往是那些向欠发达国家输出低技能工作的国家。这意味着跨国公司必须寻找其他替代方案来降低劳动力成本，它们被迫为葡萄酒生产中最劳动密集的部分寻求机械化的替代，以及利用廉价的季节性和移民劳动力降低成本。

总之，酒业跨国公司与一般行业的跨国公司不同。当然，它们参与是为了追求利润。但它们与那些依靠压榨欠发达国家和地区劳动力的跨国公司不属同一阵营。它们不像其他同类那样名声败坏。大型企业参与葡萄酒制造并不是我们大多数人期待的。

香 槟

我们讨论了有独特酿酒工艺的地区，特别谈到了马德拉、波尔图和赫雷斯的葡萄酒。香槟是另一种通过基本酿酒过程的变化而产生的葡萄酒。不过，香槟的意义不止于此。香槟已经超越了葡萄酒的范畴，成为一种身份的象征，是庆祝活动和特殊场合的必备饮品。为什么呢？我们是本能地想在这些场合喝香槟？除夕夜的派对上有雷司令吗？如果一艘船用赤霞珠命名，它会沉没吗？

香槟地区是一个美丽的河谷地区，靠近兰斯市（Reims）和埃佩尔奈市（Epernay），距巴黎以东几小时车程。从葡萄种植角度看，它适合混合种植霞多丽、黑皮诺和莫尼耶比诺葡萄，与勃艮第的一些地区相似。尽管地理范围有限，但香槟区产酒量很高。最上等的酒来自马恩河山坡，因为侵蚀已经露出埋在该地区其他地方的厚厚的白垩土，有些地方的土壤几乎是白色的。暴露在外的白垩土是优良的酿酒土壤。白垩土很容易处理，暴露出来的白垩土也可以用来建酒窖。这些无一不是香槟区所特有的。所以，正是香槟让香槟区这个地方变得独特而重要。

根据最喜欢的葡萄酒商店安排库存的方式，"香槟"标签下的产品可能没有什么区别。这是因为所有这些葡萄酒的酿造过程或方法基本上都是一样的。重要的是，它们都是由不同的葡萄混合而成。在香槟中，混合了霞多丽、黑皮诺和莫尼耶皮诺品种。在其他地方，组合可能会有所不同。混合可减轻葡萄质量的季节性变化。有时可能是多雨的年份，有时也可能是晴朗干燥的年份，也有时可能是寒冷多风的年份。所以，在混合过程中，整体味道一致最重要。这种混合可以利用那些不能酿造年份葡萄酒的葡萄，香槟酒商还可以使用葡萄园中不适合生产年份酒的葡萄。

采用香槟酿造工艺制作香槟是一个相对较新的发展。它需要空气密封仪器，这在玻璃装瓶之前是不可能实现的。密闭容器内进行部分发酵，发酵产生的气体保存在瓶内。这就是香槟起泡的原因。在木桶中，这些气体会挥发，葡萄酒不会起泡。发酵过程中气体增加了瓶内的压力。在高质量的装瓶技术发展之前，压力导致大多包装瓶破裂、工人受伤、葡萄酒损失。如今，玻璃瓶质量提高，要打破它并不容易，记得松开香槟瓶上的软木塞时仍需小心谨慎。

使用瓶内陈酱会截留发酵过程中产生的沉淀物（marc）。将瓶子与底部的软木塞保持一定的角度储存，随着时间的推移旋转瓶子，沉积物就会聚集在瓶子的颈部。如果我们想要无色、无沉积物的香槟，摇瓶（remuage）很重要。经验丰富的操作人员可以打开瓶子，去除沉淀物，不会使其重新悬浮在酒中，这个过程被称为除渣（degorgement）。然后，再盖上瓶盖，塞上瓶塞储存，等待销售。与其他葡萄酒生产方式一样，没有什么能阻止人们在香槟区以外的地方这样做。它只是一种与地方无法割裂的生产形式，以至于这个过程都包含地名。

那么，为什么要把香槟和整个葡萄酒行业联系在一起呢？原因是，世界上许多著名的香槟品牌背后都有主要的企业，包括大型饮料公司、连锁酒店、奢侈品公司、投资公司和银行。这就引出了一个问题：为什么香槟会成为大型企业需求的产品？产品的声誉固然是原因之一，对饮料公司来说尤其如此。对于那些向高端客户销售奢侈品的企业来说，拥有一家香槟酒庄是他们的副业也不足为奇。香槟销售的一致性是大型企业可能投资香槟酒酒庄的另一个原因，尽管鉴于现在市场上的香槟产量，这种投资的价值可能不如以前。

即使香槟酒庄不是大型企业所有，它们也可能表现得像个大型综合企业。香槟酒商投资与香槟相关的领域，他们赞助最有可能喝香槟的人群以及与他们地位和生活方式相关的体育运动。他们还积极做市场推广：在我们大多数人的印象中，香槟是在重要场合才喝的酒。香槟酒商一直在努力坚持让人们不会忘记这一点。尽管香槟是一种葡萄酒，它代表了一个地方、一种方法，但我们不应该忘记，它也是一门范围很大的生意。

香槟反映了葡萄酒作为一种跨国产品、身份象征和财富象征的新角色。但对于我们这些热爱葡萄酒的人来说，香槟的意义远不止大生意这么简单。香槟是好酒。因此，香槟反映出一个地方、地方历史以及生产香槟的人。我们有时可能会在热闹的香槟宣传中忽视这些联结，但如果我们愿意去寻找，它们就在那里。

第十七章　地方主义与葡萄酒旅游业

　　大多数农场并不是游客的首选。玉米地、满是奶牛棚的谷仓、巨大的小麦收割机、泥泞的拖拉机和灌溉设备并不能激发大多数人的想象力。葡萄栽培是农业，就像奶牛场一样。所以，当我们驱车沿着这条路前行时，是什么让人停下行程驻足参观一个酿酒厂或葡萄园，而一个奶牛场无论如何都不值得哪怕多看一眼？

游客不会把参观酿酒厂或葡萄园视为工业化景象。即使酿酒厂只不过是一个葡萄加工工厂，这也不是游客的想法。而工业遗产旅游线路就是参观工厂和矿山，看看老工厂，看看机器，或者穿上装备到煤矿深处体验。这并不代表这些类型的旅游场所有问题，事实上，我的孩子们最喜欢乘坐电车深入矿井，这样他们就可以戴着矿工头盔在黑暗中跑来跑去。

参观酿酒厂不是工业遗产旅游。不同之处在于，它体现了人对一个地方的热爱，包括它的味道、历史和文化。虽然它是一个工厂，但酿酒厂是一个强调我们与自然的联系并鼓励我们去了解它的地方。虽然酿酒厂只是由农田和谷仓组成，但它的意义远不止于此。

旅游业与葡萄酒

对地理学研究者来说，旅游业是一个非常有趣的课题。作为经济地理学的一个例子，旅游业提出了关于供应、需求和该行业的空间影响的问题。人们为了追求不同于在国内的风景和体验而旅行。这个定义引导我们关注一个完全不同的地理环境，我们开始讨论地点和风景，人的移动和路线，人的经历和发现，以及旅行带来的启示。

我们在旅游中学到什么？大量关于旅游的研究都集中在游客本身。地理学研究者对人去哪里、为什么去，做什么很感兴趣，即关心旅游的动机以及它们如何影响旅游决策。通过地理学者的研究，我们可以了解为什么有人想要参观葡萄酒产区呢，他们如何选择葡萄酒产区，是什么促使他们在纳帕和勃艮第之间、托斯卡纳和摩泽尔峡谷之间做出了选择，是金钱、时间、文化还是别的什么原因？游客会跟随导游还是独自骑车前往？他们会参观酿酒厂还是会在当地餐馆参加葡萄酒和烹饪课程？他们会乘飞机、船、汽车还是火车前往葡萄酒产区？他们愿意入住四星级酒店、民宿还是青年旅社？是什么促使游客一次又一次地重游同一个葡萄酒产区？

除了旅游选择和交通问题外，我们对游客从旅游中学到什么也非常感兴趣。旅游可以是一种巨大的学习体验。它可以塑造人们思考和看待其他文化的方式。通过让自己沉浸在一个地方，与当地人生活在一起，我们可以在几天内学会在课堂可能需要学几个月的内容。因此，旅游是我们了解周围世界的非凡工具。

即使旅游经历并不顺利，但是对过程的理解仍然很重要。旅游是一个竞争非常激烈的行业，它提供了大量的就业。出于游客和以旅游为生的人的利益考虑，就会理解为什么有些人的旅游体验糟糕了。这是解决问题的一种形式。如果我们能弄清楚哪里出了问题，为什么出了问题，我们就能解决这个问题。如果不能，可能就不会有下一批游客了。

旅游还有它的另一面，我们有时会在旅行中忘记：作为游客，我们对去过的地方所产生的经济、社会和环境影响。这些影响对旅游业有利也有弊。优质的环境吸引了游客来访，旅游也会导致环境恶化。对于每一个通过旅游这个行业赚钱的本地商人来说，总有那么一部分人认为游客对当地生活是侵入性的，并且很难打交道。

那么，到底是什么让葡萄酒成为旅游的主题呢？为了理解这个问题的答案，我们需要研究一下葡萄酒旅游的动机。葡萄酒旅游是一种逃离日常生活的方式，是一次奇妙的冒险。如果我们想以慢节奏体验冒险，葡萄酒旅游可以是一种放松的形式和方式；如果我们喜欢更积极的旅行，它可以是一种锻炼和身体刺激的动机。葡萄酒旅游既包括智力训练，也涵盖激发思维刺激身体的作用。

葡萄酒旅游的这种动机也适用于博物馆参观旅游、温泉疗养和河上游船。它的不同之处在于我们为除了支付旅游正常包含的费用——住宿、交通旅途中的购物，我们还为乡村理想买单。我们正在购买与地球以及以地球为生的人的联系。也许这就是大型酒厂无法激发我们想象力的原因。从某种意义上说，我们在葡萄酒旅游中购买了当地文化。在城市环境中，我们可能也会看到部分当地的文化，感受与我们参观的地方的联系。然而，现代城市大都是同质化的西方城市规划。虽然我们语言不同，人的衣着打扮不同，但大城市都很类似。

葡萄酒旅游可以让人远离常规路线。这并不是说老路有什么不对。当我游巴黎时，我曾毫不犹豫地挤在人群中去参观卢浮宫；曾排队等候并在我恐高允许的范围内冒险登上埃菲尔铁塔；曾漫步于奥赛博物馆、巴黎圣母院和所有其他主要的旅游场馆。问题是，这样做的时候，我从来不需要真正走出我的舒适区。我不用说法语，不用与当地人交流，也不用沉浸在当地文化中。

对于大多数葡萄酒旅游来说，情况并非如此。除了一些旅游频繁的地区，葡萄酒旅游将我们带到了乡村，在那里游客是稀客，而不是常客。它把我们带到通勤火车和旅游巴士无法到达的地方，那里的人可能对葡萄酒很了解，但不会说英语。它真正的作用是把我们带到一个我们做回一个人的地方，而不是等待电梯上埃菲尔铁塔的漫长队伍中的一员。对于一家偏僻的小酒厂来说，我们可能是它一天中唯一的访客。因此，葡萄酒旅游更多的是一种挑战和一种积极的智力锻炼。我们可以让自己沉浸其中，获得一种独特的体验。任何人都可以参观卢浮宫，感受蒙娜丽莎。然而，有多少人能体验和"本地人"接触，在他们给你讲述他们的世界和葡萄酒时，能够用不灵光的外语勉强应对？

值得庆幸的是，对于这个问题并没有统一的答案。世界上有许多不同类型的人，每个人都有自己的好恶。激励一个人的东西，比如在收获季节骑自行车穿过美丽的葡萄园，可能会让另一个人失去兴趣。葡萄酒旅游的好处在于它可以提供多种体验供游客选择。只要我们的旅游理念不仅是在一个设施完备的度假胜地的海滩上躺上一个星期，葡萄酒旅游的意义就会激发我们的兴趣。

葡萄酒旅游有很多种类。除了传统的有导游的旅游，喜欢独立的游客可以选择汽车自助游；对于那些寻求慢节奏但可以承受更强身体挑战的人，可以选择徒步旅行和自行车旅行；对于重视旅游教育的人，可以选择参加烹饪之旅或与葡萄酒相关的学术讲座。葡萄酒旅游可以成为旅游的主要焦点，也可以成为其他类型旅游的有趣补充。葡萄酒旅游最棒的一点是，每个葡萄酒产区都有自己的葡萄酒、历史、风景和文化，都是一种等待发现的新体验。即使我们再次回到曾经去过的酒庄，体验也会不同。我们可以在不同的季节参观，选择不同的酒厂，每一次都有新的体验和学习机会。

意大利中部

讨论葡萄酒时，大多数书通常都会提到意大利，因为意大利是世界上最大的葡萄酒生产国之一，是种植葡萄和生产葡萄酒的好地方。除了极少数例外，意大利几乎所有地方都可以生产葡萄酒。我把意大利留到本书的结尾，不是为了贬低意大利或它的葡萄酒，而是因为它是各种形式的葡萄酒旅游的典范。在意大利，我们可以看到和体验许多不同种类的葡萄酒旅游。

意大利是一个酿酒的好地方。有足够的气候变化，可以种植多种不同的葡萄品种。一般来说，意大利的气候是北部凉爽潮湿，南部炎热干燥。意大利大部分地区被地中海和亚得里亚海环绕，海洋调节了该国的气候。与此同时，意大利北部的山脉（阿尔卑斯山脉和白云石山脉）阻止了欧洲最恶劣的冬季天气向南进入半岛。相比之下，意大利的山脉形成了当地的气候变化，小气候适合许多不同的葡萄品种。

即使是喜欢凉爽气候的葡萄品种也能在意大利的某个地方找到一个合适的位置，这意味着葡萄酒生产无处不在。那些不以葡萄酒闻名或没有官方指定的地区，也有大量的葡萄酒生产商为当地消费者提供葡萄酒。可以说，在意大利的任何地方都有机会参观和体验意大利的酒庄和葡萄园。

　　具有讽刺意味的是，意大利之所以成为葡萄酒旅游的好地方，是因为意大利的其他旅游地——精彩的城市、历史古迹、教堂、博物馆。我们在不可能在一次旅行中完成所有的参观计划，旅游公司会在每次旅行中设计各种不同的旅游体验，游客大概率会再次到意大利体验之前没有感受到的经典路线。如果有更多的博物馆、历史遗迹、酒厂和葡萄园可以参观，那么就更容易有更多的游客再次重温意大利。坎帕尼亚的葡萄酒产区可以与那不勒斯和庞贝的旅游线路相结合；威尼托为有时间到威尼斯周边冒险的人提供了可参观的酒庄；伦巴第的酒厂可以吸引打算来科莫湖或马焦雷湖一日游的游客。即使在罗马附近也有葡萄酒区，等待那些愿意跳上车解决城市交通的勇敢的酒客。

　　意大利到处都有葡萄酒产区，游客想去参观唾手可得，最著名的当属托斯卡纳。托斯卡纳有意大利最好的葡萄酒，它也承载了意大利厚重的历史，包括佛罗伦萨的艺术、历史和建筑，以及比萨的斜塔。其中一些规模较小的城市同样令人印象深刻，如锡耶纳（Siena）和圣吉米尼亚诺（San Gimignano）。在托斯卡纳，我们可以游览、开车、徒步或骑自行车；可以租别墅，住四星级酒店，也可以住浪漫的民宿；可以在葡萄园度过整个假期，也可以在某个下午游览时顺路参观一两个葡萄园。意大利是一个探索葡萄酒地理的好地方，无论是通过它生产的葡萄酒，还是通过意大利人称之为家的地方。

第十八章　葡萄酒带我走过的地方

　　对我来说，对葡萄酒的欣赏和热爱不仅仅是葡萄酒本身，葡萄酒表达了某一地方和地方的人。这是我喝酒时的感受。在我看来，葡萄酒不仅与口味和外观有关，也与地点和体验有关。所以，在本书的结尾，我想和大家分享我一次又一次回到的葡萄酒产地和经历，都是我个人的体验。

要想寻找一种既与历史有关又与地理有关的葡萄酒体验，很难找到比法国南部罗纳山谷更好的地方了。这里的葡萄酒与罗马帝国的历史有着密切的联系，在尼姆镇（Nîmes）和阿尔勒城镇（Arles）的古建筑以及14世纪教皇统治的阿维尼翁（Avignon）中到处都有它的身影。这里我已经20多年没有去过了，但如果有时间，且经济允许，它一定是我不二的选择。

从地理上看，南部的罗纳山谷和其历史一样有趣。从气候上看，这里与法国北部的阿尔卑斯山脉和中央山脉完全不同。春天和秋天，这里受到从山上吹过来的西北风的影响；夏天，它受到来自北非的暖空气的冲击。罗纳山谷的中心是阿维尼翁市。罗纳河发源于此，流经大三角洲，最终流入地中海。三角洲以西是朗格多克（Languedoc）的尼姆镇，以东是阿尔勒城镇，最西部是普罗旺斯边缘。三角洲里是卡马尔格（Camargue），有城堡、湿地、自然保护区和独特文化。每隔两三年，环法自行车赛的车手们都会在登顶旺图山（Mont Ventoux）时遇到挑战。每年秋天，多岩石的山坡和山谷里的葡萄园都会生产出世界上最好的葡萄酒。

对于罗马人来说，高卢的这一部分（现代法国）在气候和地质方面与他们的故乡十分相似，所以当罗马人来到此地时带来了他们的文化和他们的酒。由于这个地区在很长一段时间内都是罗马帝国的一部分，罗马人的影响渗透到这里，罗马文化成为当地文化的一部分。与罗马帝国的其他地方不同，罗马人在此地留下的遗产依然存在。正是这一历史印记给我留下深刻印象，在可追溯到数千年前的罗马建筑隔壁的咖啡馆品尝葡萄酒，想象着两千年前的人们坐在同一个地方，喝着同样的酒，这让我感受到与历史的切实联系，至今都难以忘怀南罗纳河和普罗旺斯的独特使其与法国其他地区区别开来，这也正是吸引艺术家来到此地的原因。干燥的空气让光更容易穿过大气。这里有地中海的温暖气候、蓝色的海岸与红色的屋顶瓦片、棕褐色的岩石土壤、绿色的棕榈树、橄榄和葡萄藤，与大陆季节性的紫色（如果薰衣草正在盛开）形成鲜明的对比。我不是艺术家，但我能理解这里成为凡·高、毕加索和夏加尔等艺术家提供灵感之地的原因。

就葡萄酒而言，南罗纳河的艺术性来自该地区的优质红葡萄酒。这里的歌海娜葡萄传统上与西拉（如果产于英语葡萄酒产区，则称为设拉子）以及各种鲜为人知的当地品种混合。这些组合是由气候和土壤以及该地区葡萄酒商的传统决定的。在阿维尼翁和奥兰治镇之间，教皇新堡产区（Châteauneuf-du-Pape）的酿酒商仍在生产700年前曾在教皇的餐桌上大放异彩的、复杂的混合葡萄酒。不是所有场合都适合采购教皇新堡产区的葡萄酒，罗纳河南部出产的罗纳河谷和罗纳河谷村庄级（Côtes du Rhône Villages）的两款葡萄酒，二者组合与昂贵葡萄酒不相上下。

要参观葡萄酒酒庄及其地理位置，最好的选择往往是离家最近的地点。对我来说，家就是康涅狄格州。虽然新英格兰并不会立刻让人想起优质葡萄酒，但这里的葡萄酒生产有着重要的历史。在新英格兰，葡萄酒生产可以追溯到殖民时期。然而，我们今天看到的葡萄酒行业历史并不悠久。这些酒厂规模不大，都不是工业化生产线性质的。它们小而古雅，有的部分是精品店风格，有的是农业古朴风格，很好地点缀可在海岸线沿岸的夏季旅游城镇和海滨度假胜地。这些酒庄不仅是迷人的旅游噱头，它们真的生产上乘的年份酒。

新英格兰冬天寒冷多雪，气候不适合酿酒。然而，大西洋开放水域的影响使部分海岸线适合种植葡萄。因此，在受海洋影响最大的长岛北福克地区，可以找到最优质的葡萄。冬天，当风吹过长岛湾的开阔水域时，会有轻微的暖意；夏天，风会被海水冷却。这延长了生长季节，使北福克的自然条件相当好。在长岛海湾的北部大陆海岸，条件不是很好，但有一些地方受大西洋的影响，有良好的土壤基础，抵御北风的地势，足以生产葡萄酒。

这个地区，葡萄栽培流行不仅因为当地的小气候，也因为当地的人。东北部是美国人口最密集的地区。生产葡萄酒的地方恰恰是在整个夏季能够吸引大批游客的地方。因此，卖酒的人很多。对于当地人来说，这些酒庄可以增加纽约、波士顿、哈特福德或普罗维登斯的一日游的观光乐趣。

对游客来说，酿酒厂是吸引他们来到海岸的部分原因。酿酒厂已经成为旅游行程的一部分。酒庄与旅游业的关系对酒庄的地理、经济和审美都有影响。在沿海购买房产是一项极其昂贵的提议，因此，大多数沿海酒厂规模都不大，但在非主要旅游地产的地区不尽然。

作为旅游目的地，酒庄外观和感觉很重要。无论是一日游游客还是季节性游客，都不想参观看起来像工厂的酒庄，如同他们不想参观看起来像农场的葡萄园一样。游客想要一个质朴、浪漫的酒庄。内部风格是法国地方式、纽波特式还是乡村折中主义并不重要，对于迎合旅游业的酒庄来说，外观最重要。

随着葡萄酒越来越受欢迎，新英格兰南部的酒庄也越来越多。即使在那些没有种植葡萄的地方，酿酒厂也如雨后春笋般涌现，以满足需求。有些州进口葡萄，有些州则使用葡萄替代品。对于科德角或附近的酿酒厂来说，蔓越莓沼泽提供了这样一个选择。盛产优质蔓越莓的气候和地理环境不利于大多数葡萄品种的生长，因此当地的葡萄酒商要么使用蔓越莓，要么使用进口葡萄生产葡萄酒。虽然对一些人来说，蔓越莓葡萄酒的想法可能是亵渎的，但这也成为了有趣的地方特色。

东北地区的酒庄最吸引人的一点是"发现感"。这里生产的葡萄酒很少出现在当地的葡萄酒商店。大多数都需要花点功夫才能找到。该地区的一些酒庄也是如此。它们很小，有时在偏僻的小路上，远离人迹罕至的小道。有时候会发现首酿年份葡萄酒。随着新英格兰南部新酒厂的出现，品尝首酿年份葡萄酒的机会出现了，这是在大多数成熟的酿酒地区都找不到的。这使新英格兰南部的葡萄酒充满了乐趣。

我最喜欢葡萄酒的一点是它能带我去不同的地方。它并不一定是真正的旅行，可能只是一种感觉。对我来说，葡萄酒将我带到维也纳，可能我喝的酒并非来自维也纳，这无关紧要。通常在喝了第二杯之后，我的思绪开始飘移，转向维也纳及其附近的葡萄酒产区。

放眼望去，欧洲这一地区的葡萄酒并不是成片的葡萄园和酒厂。它是在小葡萄园与其他农作物生产混合在一起的。山谷里种植着小麦、蔬菜和奶制品，山上有林地。这形成了一个视觉上吸引人的景观，每个葡萄园都有一个有趣的地理解释。维也纳毗邻奥地利、斯洛伐克和匈牙利的葡萄酒产区，这意味着在品尝葡萄酒的同时，还可以体验到多种文化。此外，这里的葡萄酒并没有吸引太多的旅游巴士和游客。在这里，可以发现一些新的东西。对我来说，这很特别。

即使只去维也纳，也能领略到奥地利酒文化。维也纳北郊的葡萄园很容易乘坐城市巴士到达。穿过山坡上的葡萄园，走到山谷里的酒馆，有点像旅游景点，但如果忽略这一点，它是一个带你了解奥地利葡萄酒之乡的很好的选择。

旅行时，我喜欢租车开到郊外去。从维也纳出发，开车在路上度过美好的一天，来到维也纳西北部的葡萄酒产区温维尔特尔（Weinviertel）、坎普塔尔、克雷姆斯谷和瓦豪。我喜欢绿斐特丽娜，这种酒味清淡的白葡萄酒几乎在该地区的所有地方都有生产。连绵起伏的山林、古色古香的城镇和精心照料的农场，使这条路的每一个转弯都呈现出另一种壮丽的风景。在每个城镇，都能发现友好的居民，家庭式餐厅可以提供丰盛的维也纳炸肉排和土豆沙拉，会让你有一次难忘的经历。

如果没有车，可以乘坐多瑙河游轮出维也纳，在舒适的水面上欣赏。大多数游轮都在克雷姆斯集镇停靠。小镇的城墙、迷宫般的小巷、耸立在河岸的大教堂都是旅行的亮点。只需支付全天游轮的费用，就可以穿越风景如画的瓦豪山谷，穿越克雷姆斯。如果喜欢风景如画的小镇和山顶的城堡，在船上游览山谷绝对是值得的。这样一来，葡萄酒地理可以在水面上欣赏了。

维也纳南部的纽西德勒（Neusiedlersee）葡萄酒产区有它独特的特点。纽西德勒是奥匈边境上的一个大浅湖——宽约3英里

（约5千米），长18英里（约30千米），可以形成支持多种葡萄品种的小气候。周围的葡萄园和酒厂都很小，生产各种各样的葡萄酒。过去，环湖之旅很短，不得不在匈牙利边境停下。随着冷战结束和匈牙利加入欧盟，环湖之旅不再是一个问题，可以顺利进入匈牙利境内，品尝当地的葡萄酒。环湖自行车旅游也是不错的选择，近乎平坦的地形可以轻松度过一个舒适的下午，享受低强度自行车骑行和品酒之旅。

斯洛伐克的小喀尔巴阡葡萄酒之路是从维也纳出发的另一个极佳一日游之选。就像环绕纽西德勒湖的路线一样，在冷战时期是不可能的。葡萄酒路线从布拉迪斯拉发（Bratislava）北部出发，距离维也纳大约一个小时的车程。对于游客来说，这是能抵达的最偏僻的地方。这条路线可以带你穿过小镇拉卡（Rača）、摩卡（Modra）、卡斯塔（Častá）以及周围的葡萄园。这条路线上的小酒庄盛产雷司令、穆勒—图尔高等耐寒葡萄品种。这里是欧洲最东北的地方，耐寒是绝对必要的。这条线路的真正体验是斯洛伐克本身，包括人、文化、食物（酸菜和炖牛肉是地方特色）。愉快地参观了几次酒庄之后（我不会说斯洛伐克语或德语），对我来说，这条线路的顶峰体验是布拉迪斯拉发。老城布拉迪斯拉发是返回维也纳途中的休息站之一，城区到处都是餐馆和音乐（爵士乐似乎在整个地区很流行），周围都是17世纪至19世纪的建筑，使布拉迪斯拉发成为一个令人难忘的地方，是从维也纳出发非常令人难忘的一个地方。

我希望大家都有自己喜欢的葡萄酒产区。如果没有，我鼓励你们出去探索一下，无论是通过书籍、互联网还是亲自去现场。

如果你爱的葡萄酒产区与其他人不同，请不要担心。这就是我们主题的好处。在科学和社会科学研究的背后，有很多是纯个人的感受。这种感受让我们举起一杯葡萄酒时，从中看到的、尝到的不仅仅是葡萄酒。所以，为你下一杯的地理知识干杯！

图书在版编目（CIP）数据

葡萄酒地理：景观、文化、风土、天气如何形成一滴美酒 /（美）布赖恩·J. 萨默斯著；卢超译. —北京：商务印书馆，2024

ISBN 978-7-100-22779-7

Ⅰ.①葡… Ⅱ.①布… ②卢… Ⅲ.①葡萄酒—酿造 Ⅳ.①TS262.61

中国国家版本馆 CIP 数据核字（2023）第 142408 号

葡萄酒地理

景观、文化、风土、天气如何形成一滴美酒

〔美〕布赖恩·J. 萨默斯　著

卢超　译

商 务 印 书 馆 出 版
（北京王府井大街36号　邮政编码100710）
商 务 印 书 馆 发 行
北京市十月印刷有限公司印刷
ISBN 978-7-100-22779-7

2024 年 6 月第 1 版　　　　开本 880×1230　1/32
2024 年 6 月北京第 1 次印刷　　印张 6¾

定价：58.00 元